梦想改造家

空间格局与软装搭配

户型改造 Before+After　格局缺陷＋破解办法

理想·宅◎编

U0351295

中国电力出版社
CHINA ELECTRIC POWER PRESS

内容提要

户型的好坏直接影响着居住者的生活舒适度，因此如何将缺陷格局进行有效化解，在家居设计中显得尤为重要。本书不仅包含格局改造的常识，而且从软装搭配的角度为读者提供多样化的软装设计，发散读者的设计思维。另外，书中还精选出10个具有针对性的户型格局缺陷案例，通过改造前后的户型图对比，使读者可以直观地了解户型改造要点，并从中得到解决方法。

图书在版编目（CIP）数据

空间格局与软装搭配 ／ 理想·宅编 ． — 北京：中国电力出版社，2017.1（2019.8 重印）
（梦想改造家）
ISBN 978-7-5123-9837-5

Ⅰ．①空… Ⅱ．①理… Ⅲ．①住宅－室内装饰设计
Ⅳ．① TU241

中国版本图书馆 CIP 数据核字 (2016) 第 234547 号

中国电力出版社出版发行
北京市东城区北京站西街19号　　　100005　　　http://www.cepp.sgcc.com.cn
责任编辑：胡堂亮　曹　巍　　责任印制：蔺义舟　　责任校对：常燕昆
北京盛通印刷股份有限公司印刷·各地新华书店经售
2017年1月第1版·2019 年 8 月第 6 次印刷
710mm×1000mm 1/16·9印张·188千字

定价：49.80元

　　格局设计是住宅设计不可或缺的一部分，也是打造好房子的关键。带有缺陷的格局，不仅在设计时较为棘手，而且会给居住者带来不舒心的居住体验。因此，如何将有缺陷的格局有效化解，是家居设计时必须要解决的问题。事实上，格局缺陷既可以通过拆除隔墙、打通过道、巧借临近空间的面积等手法来进行化解，也可以通过运用软装色彩与软装材质来改善。只要掌握了适合的设计手法，就能巧妙地规避由于格局缺陷带来的户型设计难题。

　　本书由"理想·宅Ideal Home"倾力打造，按照"8大格局缺陷破解术""22种软装思维修成术""10大格局改造实例解析"分为3部分。其中，"8大格局缺陷破解术"主要列举出家居中常见的格局缺陷，如采光不理想、格局不规整等，通过改造前后的户型图进行对比，提出解决问题的方法；"22种软装思维修成术"从软装搭配入手，利用改变软装的方式，令家居呈现出多样的容貌；"10大格局改造实例解析"精选出10个具有代表性的格局有缺陷的家居案例，通过户型图来对比改造前后的区别，同时案例还包括户型档案、设计关键、户型估价等内容，全面而系统地讲解格局改造实例。

　　参与本套书编写的有杨柳、赵利平、武宏达、黄肖、董菲、李峰、肖韶兰、刘向宇、王广洋、邓丽娜、安平、马禾午、谢永亮、邓毅丰、张娟、周岩、朱超、王庶、赵芳节、王效孟、王伟、王力宇、赵莉娟、潘振伟、杨志永、叶欣、张建、张亮、赵强、郑君、叶萍等。

CONTENTS 目录

前言

Chapter 1   8大格局缺陷破解术

2 Chapter
22种软装思维修成术

3 **Chapter** **10大格局改造实例解析**

Chapter 1

8大格局缺陷破解术

格局问题 1	采光不理想，空间过于昏暗
解决方法 1	**拆除隔墙，光线蔓延室内**

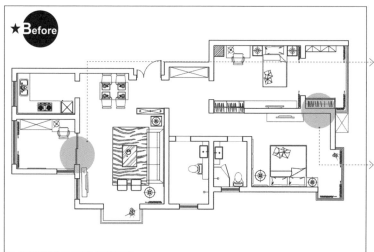

问 题

NG 1 阳台与客厅之间的隔墙，影响客厅采光。

NG 2 主卧室与休闲阳台之间的隔墙降低了空间的通透性。

OK破解 ✓

OK 1 去掉客厅与阳光房之间的隔墙及推拉门，形成敞开式的空间，增加客厅的采光面积，使空间更为通透。

OK 2 次卧室的休闲阳台面积较大，将主卧室与阳台之间的墙面部分打通，安装一个门，这样主卧室也可以直接通向阳台，方便使用。

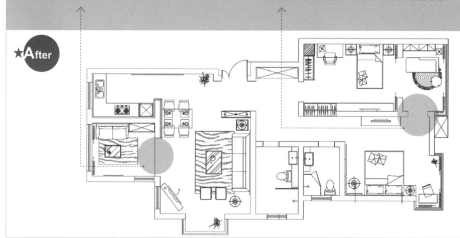

★After

格局问题 1	采光不理想，空间过于昏暗
解决方法 2	**巧用玻璃推拉门，令室内环境显通透**

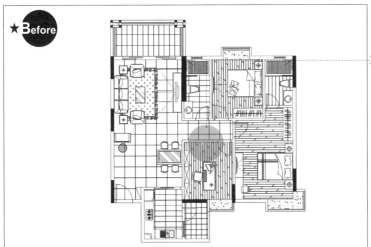

问 题

→NG 1 书房中入口的一侧墙面为实墙，影响过道采光，形成阴暗空间。

×

OK 破解 ✓

OK 1 将书房原有的隔墙砸掉，改成玻璃推拉门，使过道空间更为开阔、明亮，还可以根据需要而开合，或让空气流通，或保持安静。

格局问题 1	采光不理想，空间过于昏暗
解决方法 3	**空间挪移，打造开放式格局**

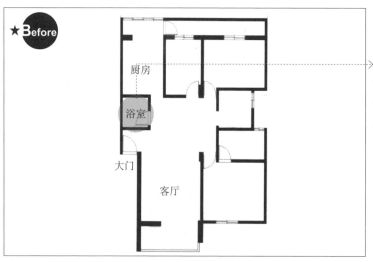

★**B**efore

问 题

→**NG 1** 进门即见卫浴墙面，阻隔了视线；另外，卫浴将厨房与客厅分隔，令居室的采光不通畅。

$\times$

OK破解 ✓

OK 1 将原有的卫浴拆除，设置为餐厅区域。厨房、餐厅、客厅三大区域呈现出开放式格局，令厨房与客厅的采光点形成互通。

★**A**fter

格局问题 2	层高过高，家居空间显空旷
解决方法 1	**制定错层空间，形成视觉高低差**

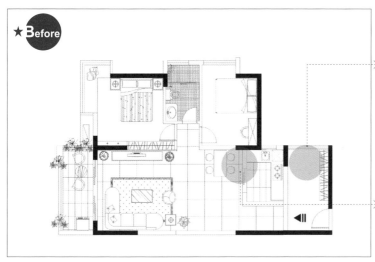

★Before

问题

NG 1 原始房屋层高较高，玄关处设置储物柜并未解决这一格局缺陷。

✕

NG 2 原有厨房和餐厅的面积都较为狭小，使用起来不舒服。

OK 破解 ✓

OK 1 将宽敞的玄关利用起来，把储物柜替换成地台，既没有减少储物空间，又形成了空间高差，化解层高问题。

OK 2 将厨房隔墙砸掉，对厨房与餐厅进行一体化设计，并设置了相匹配的造型吊顶，降低了层高过高所带来的空旷感。

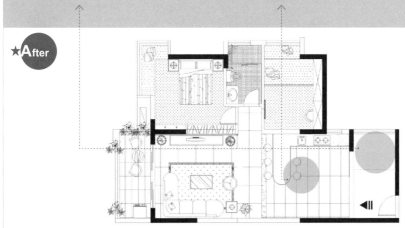

★After

格局问题 2	层高过高，家居空间显空旷
解决方法 2	**增设夹层，令一房变两房**

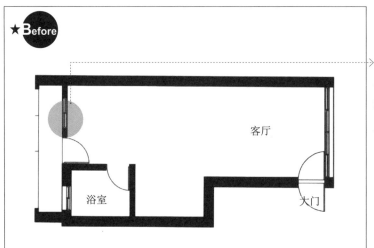

问 题

NG 1 原始房屋的面积仅有30多平方米；但层高较高，却没有做夹层，形成了空间的资源浪费。

OK破解 ✓

OK 1-1 利用空间层高较高的优势，做了夹层；夹层上的区域设计为睡眠休憩空间，为家居环境做了有效分区。

OK 1-2 下部空间集合了客厅、书房、衣帽间、厨房、卫浴等多重功能，令日常生活更加便捷。

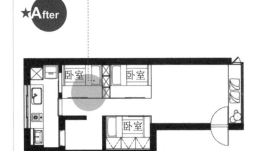

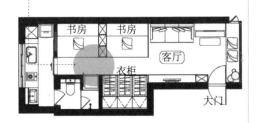

格局问题 3	拥有狭长过道，空间面积浪费多
解决方法 1	**打通过道，回字形动线带来便利生活方式**

★Before

问 题

NG 1 狭长过道的光线十分晦暗，而且没有实际用途，空间面积浪费得十分严重。

✕

OK破解 ✓

OK 1 将过道前半段的三个卧室拆除，运用360度环绕动线的设计，重新配置客房和书房；阴暗过道消失，整个空间的空气对流变好，空间也因此具有延伸放大的效果。

★After

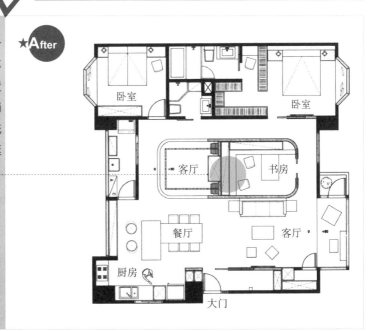

格局问题 3	拥有狭长过道，空间面积浪费多
解决方法 2	巧设造型墙，既化解格局问题，又美化空间

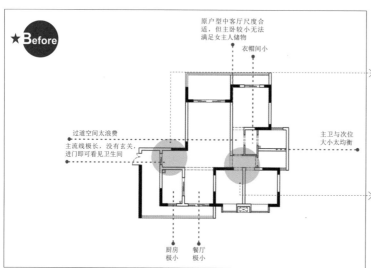

★Before

原户型中客厅尺度合适，但主卧较小无法满足女主人储物

衣帽间小

过道空间太浪费
主流线极长，没有玄关，进门即可看见卫生间

主卫与次位大小太均衡

厨房极小

餐厅极小

问题

> NG 1 入户没有玄关，进门即可看见卫生间；并且主流线极长，形成了狭长的过道。

> NG 2 功能空间设置得过于紧凑，形成了一个狭长的过道区域，引起了空间面积的浪费。

OK破解 ✓

OK 1 设计圆弧形隔断，增加了空间面积的使用率，也化解了入户即见卫生间的尴尬。

OK 2 将原有生硬的隔墙拆除，设计了与入户弧形隔断相呼应的造型墙，既避免了狭长过道带来的逼仄感，又为空间带来了美观的视觉享受。

★After

卧室与客厅互借空间

主卫与次卫互借空间

宽大的餐厅，足以满足夫妇好客的禀性

格局问题 4	格局不方正，畸零空间难利用
解决方法 1	# 改变门的位置，空间即刻变方正

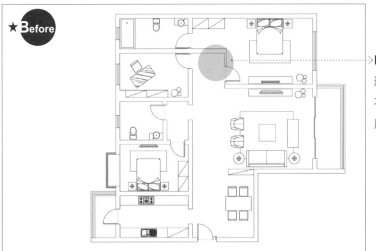

★**B**efore

问 题

➤**NG 1** 原户型中的主卧室形状为L形，形成了众多不好利用的畸零空间，客厅的格局也十分不规整。

✕

OK 破 解 ✓

OK 1 将一道隔墙拆除，改变卧室门的位置，主卧室的形状即刻变得十分方正，并且形成一块较大的区域，作为书房之用。

★**A**fter

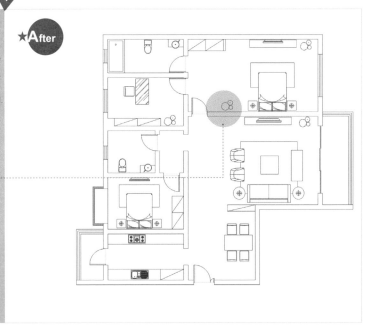

格局问题 4	格局不方正，畸零空间难利用
解决方法 2	**造型收纳柜转移多边形空间视觉焦点**

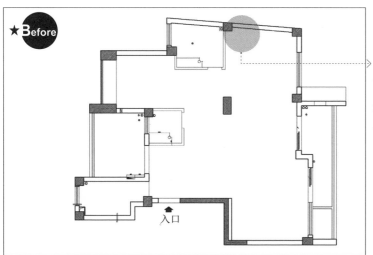

★Before

问 题

NG 1 原户型中的一侧墙面为斜边形，不仅给人带来不好的视觉体验，而且不利于家具的摆放。

✕

OK破解 ✓

OK 1 利用造型柜找平墙面，既形成了方正的空间，方便床和床边柜的摆放，又为主卧室增加了一定的储物功能。

★After

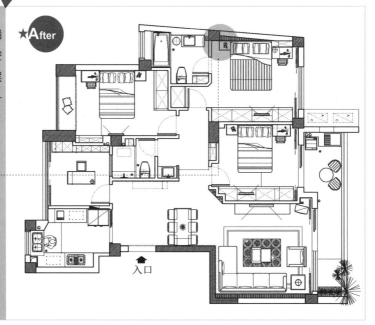

入口

格局问题 4	格局不方正，畸零空间难利用
解决方法 3	**依据空间斜面拉正空间，形成规整格局**

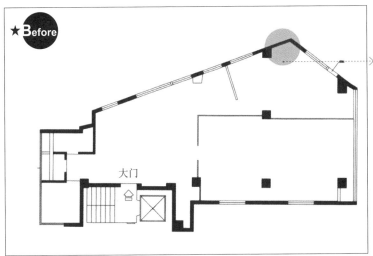

问 题

>NG 1 原户型呈现出极不方正的五边形格局，导致内部空间格局配置相当棘手。

✕

OK破解 ✓

OK 1-1 依据空间中突出的柱体来找平空间平面，营造出规整空间。

OK 1-2 通过隔间和家具配置尽可能将空间感拉正。

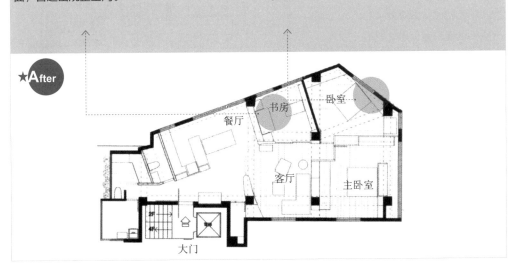

格局问题 5	空间狭长或狭小，使用起来会压抑
解决方法 1	拆除非承重墙，狭长区域即刻消失

★**B**efore

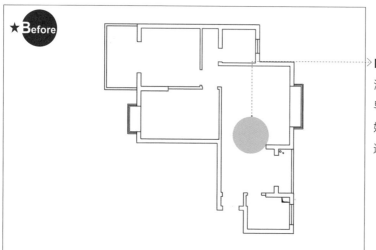

问 题

> **NG 1** 原户型从入户到卫浴的空间皆较为狭长，导致空间分割过多，不好利用，并且令空间显得逼仄。

OK 破 解 ✔

OK 1 将空间中的两堵非承重墙打掉，客厅和餐厅都拥有了完美的安身之处，令空间的面积得到最大化利用。

★**A**fter

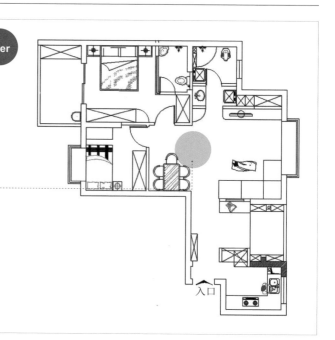

入口

格局问题 5	空间狭长或狭小，使用起来会压抑
解决方法 2	# 合理分区，狭长空间功能更丰富

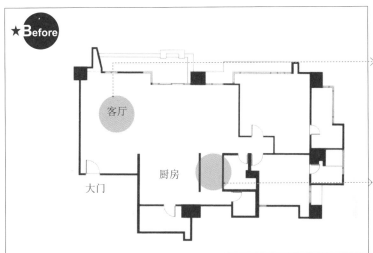

问 题

NG 1 原有客厅面积较大，但为长方形格局，家具怎么放置，都不方便使用。

NG 2 非承重墙隔出的空间既狭长，又不方便使用，利用率很低。

OK破解 ✓

OK 1 利用家具将客厅合理分区，使单一功能区域具备多功能性，同时也化解了狭长格局的尴尬。

OK 2 将原有的隔墙拆除，借用了一部分厨房空间，使狭长区域消失，同时还多出一间卧室，方便使用。

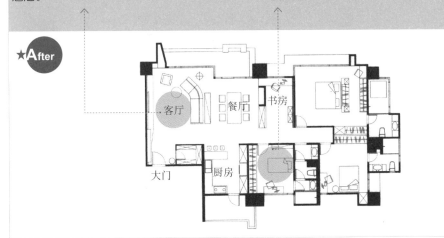

格局问题 5	空间狭长或狭小，使用起来会压抑
解决方法 3	**巧借临近空间的面积，狭小空间变开阔**

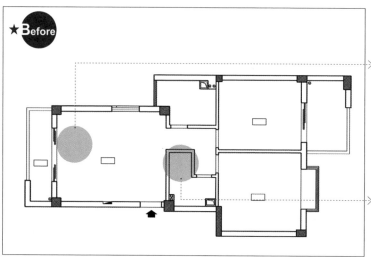

★Before

问 题

>NG 1 原有空间的面积狭小，却要同时具备客厅和餐厅的使用功能，致使空间使用起来较为拥挤。

>NG 2 卫浴的面积狭小，且为L形，使用率不高。

OK 破 解 ✓

OK 1 将阳台与客厅完全打通，最大化使用了空间面积，并且令空间的采光更加充足。

OK 2 卫浴借用原有过道的一部分面积，形成了更为规整的空间，同时增大了使用面积。

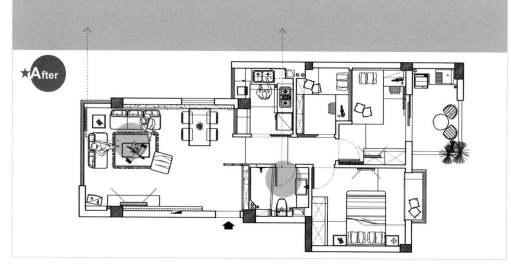

★After

格局问题 5	空间狭长或狭小，使用起来会压抑
解决方法 4	**减少隔墙的同时，最大化利用狭小空间**

问 题

>NG 1 原有一居室的面积不大，却有不少隔墙，整个空间显得狭小而逼仄。

✕

>NG 2 主卧室的面积相对较大，如果不好好利用，很容易造成空间浪费，而狭小户型寸土寸金，浪费空间是大忌。

OK破解 ✓

OK 1 拆除厨房一部分隔墙，打造出一个开放式厨房，狭小空间即刻变得通透，不显压抑。

OK 2 利用主卧室的一部分空间打造出一个小书房，令空间使用率最大化；同时，空间也不会显得过于狭长。

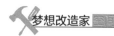
格局问题 6	功能区域分区不合理，影响日常生活便利性
解决方法 1	**拆除不必要的隔墙，将空间有效合并**

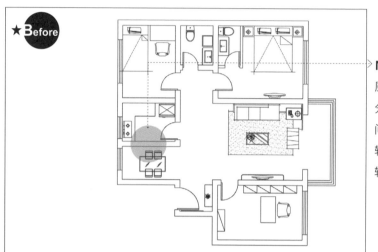

★Before

问 题

▷ **NG 1** 原有户型中餐厅与厨房之间运用隔墙进行分隔，虽然有效区分了空间，但两个空间的面积均较为狭小，且上菜的动线较长。

OK破解 ✓

OK 1 将厨房与餐厅之间的隔墙砸掉，使两个原本显得拥挤的空间变成一个宽敞的空间；同时大大缩减了上菜的动线距离。

★After

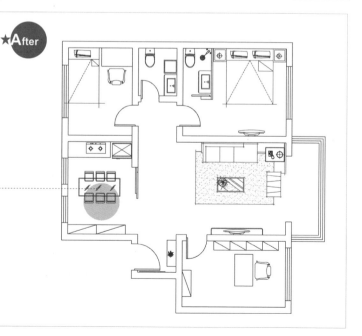

格局问题 6	功能区域分区不合理，影响日常生活便利性
解决方法 2	**功能空间互换，重新界定使用区域**

★**B**efore

问 题

> NG 1 主卧室的面积过大，同时空间呈现出不规整格局。

×

> NG 2 客厅作为会客空间，面积过小；同时，从大门进入客厅的动线不顺畅。

OK破解 √

OK 1 将客厅挪移到原来的主卧室中，同时打掉原来与次卧室之间的隔墙，整个空间既规整，又拥有了充分的自然光源。

OK 2 原有的客厅与厨房，现在更改为主卧室与厨房；同时将厨房与主卧室的位置对调，令主卧室拥有了良好的采光。

★**A**fter

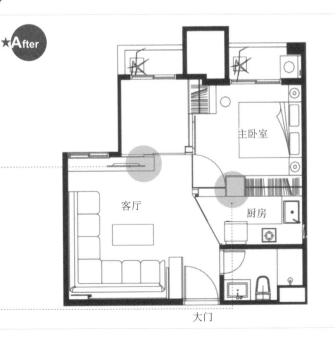

格局问题 6	功能区域分区不合理，影响日常生活便利性
解决方法 3	**关联功能区域采取动线最近化的设计**

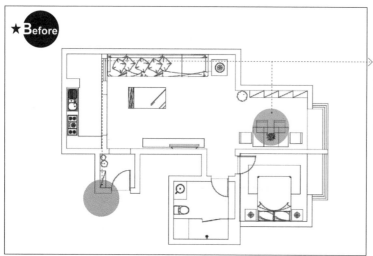

★**B**efore

问 题

> **NG 1** 原有餐厅距离厨房较远，造成了上菜时的行走动线过长，影响生活的便利性。

✕

OK破解 ✓

OK 1 根据就近布置的原则，将餐厅移到了客厅之中，令上菜等活动更为方便；同时将原来的餐厅规划为书房，增加了空间的功能性。

★**A**fter

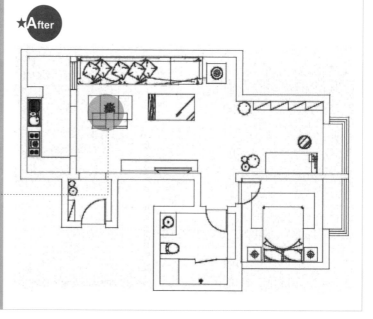

格局问题 7	空间缺乏隐私性，尴尬事件常发生
解决方法 1	微调入门动线，进门即见整洁空间

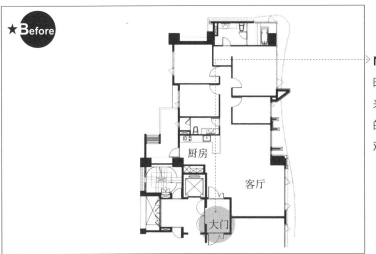

问 题

> **NG 1** 进门即是客厅，同时开门见灶，而厨房一般来说是家居中较为杂乱的地方，正对大门有碍观瞻。

OK破解 ✓

OK 1 利用玄关改变入户方式，不仅引导视线、动线与气流到客厅，也令玄关和厨房都拥有了更多的收纳空间。

格局问题 7	空间缺乏隐私性，尴尬事件常发生
解决方法 2	**制作端景墙或隔断屏风，美观又实用**

★Before

客厅

餐厅

大门

问 题

> **NG 1** 缺少完善的玄关设计，导致进门处凌乱的鞋子蔓延到餐厅；而位于门口的餐厅造成了室内动线不顺畅，直接影响公共活动空间的宽敞性。

OK破解 ✓

OK 1 在玄关与餐厅之间运用彩绘玻璃屏风作为内外区域的介质，有效遮挡了室内环境，同时也具备装饰效果。彩绘玻璃屏风同时也可用端景墙来替代。

★After

客厅

餐厅

玄关

大门

格局问题 7	空间缺乏隐私性，尴尬事件常发生
解决方法 3	**改变卫浴门的方向，换个角度困境变佳境**

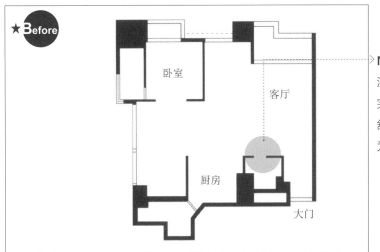

★**B**efore

问 题

➤ **NG 1** 卫浴的门正对客厅沙发，令客厅的格局不完整；同时使人观感不舒服，来客时，如厕较为尴尬。

OK破解 ✓

OK 1 将卫浴门变换方向，空间顿时豁然开朗；同时，运用方位借光、透光性材质来解决空间采光不佳的问题。

★**A**fter

格局问题 8	储物空间不足，家居空间显凌乱
解决方法 1	利用飘窗制作储物柜，同时满足收纳与休闲功能

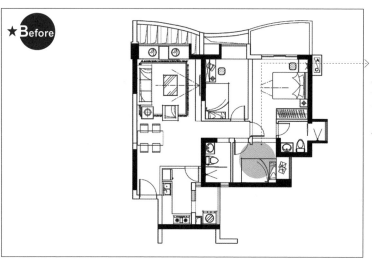

★Before

问 题

NG 1 家居空间中的储物面积严重匮乏。而次卧室中几乎没有储物空间，造成了空间的极度浪费。

OK 破解 ✓

OK 1 将飘窗的窗台延续出来，做成储物柜的形式，并将门口处的墙壁改成壁柜，提升了空间的储物能力。

★After

格局问题 8	储物空间不足，家居空间显凌乱
解决方法 2	在合适的区域做地台，满足储物与休憩双重需求

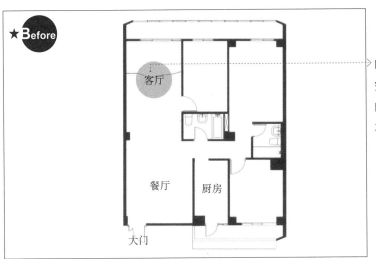

问 题

> NG 1 原有家居中的储物空间较少；而客厅空间又略显狭长，功能区域使用不便。

OK 破 解 ✔

OK 1 改变卧室门的开启方向，令原有客厅的墙面更加连贯，方便了家具的摆放；为了避免狭长空间带来的不便，在客厅的一侧设计了地台，既改善了格局问题，又为居室带来了大量的储物空间。

格局问题 8	储物空间不足，家居空间显凌乱
解决方法 3	**增加柜体数量，空间储物量翻倍**

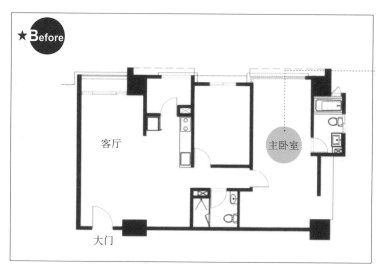

问题

→**NG 1** 原有主卧室的面积较大，却没有做合理规划，导致储物空间严重缺乏。

OK破解 ✓

OK 1-1 在主卧室一侧设置整面墙的柜子，大大提升了空间的储物功能。

OK 1-2 利用主卧室的一部分空间与卫浴的墙面齐平，打造出一个衣帽间，增加储物功能的同时，也令空间格局更加规整。

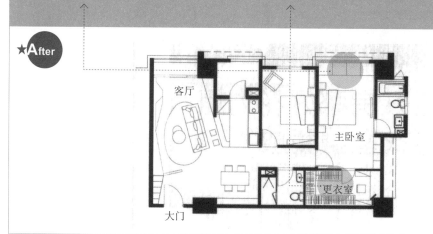

2
Chapter

22种软装思维修成术

1 沙发
定调客厅格局的主要家具

在客厅的家具布置中，沙发可谓是最抢眼、占地面积最大、最影响居室风格的家具之一，业主往往在沙发的选购方面耗费最大的精力。沙发就像船锚一样，会让空间里的其他家具各自找到安身之所。

Originality
小改动大创意

沙发的造型应根据客厅面积而变化

沙发的大小、形态取决于户型大小和客厅面积。一般来说，沙发面积占客厅空间约25%最为合适。不同的客厅，沙发的选购也会不一样，如果客厅空间较大，可以选择转角沙发，这种沙发比较好摆放。另外，还可以选择组合沙发，即一个单人位、一个双人位和一个三人位（客厅差不多需要25平方米）。而小客厅可以选择双人沙发或者是三人沙发，一般10平方米左右的客厅即可摆放三人沙发。

▲ 客厅的面积较大，摆放转角沙发不仅提供了更多的座位，转角侧的沙发还可以作为平时小憩的休息之处。

◀ 客厅面积有限，可选择造型简洁的双人沙发，搭配座椅等，丰富客厅空间。

根据家居风格选择沙发的材质

常用的沙发表面材质一般有布艺、皮质和木质三种。其中布艺沙发的运用最为广泛，现代风格、简约风格、田园风格等都经常用到，其中现代风格和简约风格大多以纯色的布艺沙发为主，田园风格会经常用到格子和碎花图案；欧式家居中往往会将纯棉布艺替换成天鹅绒材质，体现风格的华贵。皮质沙发一般在美式家居或后现代家居中采用；而木质沙发，则常出现在中式风格和东南亚风格的家居中。

▲ 碎花布艺沙发带有浓郁的自然风情，非常适用于田园风格的家居。

▲ 木质沙发体现出质朴的气息，用于东南亚风格的家居中，与其风格追求自然的理念相符。

搭配合理的沙发花色可以令客厅更生动

沙发的种类很多，款式不一，颜色也丰富多彩，往往令人眼花缭乱。因此在搭配时，应注意居室的整体环境。选择色彩简洁的经典款，再结合居室风格搭配一些相宜的抱枕，就能轻易变换居室风格。印花时髦或图案鲜明的沙发，虽然容易局限客厅风格，但如果搭配合理，也可以令居室显得生动有活力。选择花色活泼有趣且图案耐脏的布艺沙发，可以令居室充满艺术感；选用垂直条纹的沙发，可以拉长、放大客厅的空间感。

▲ 为了避免白色沙发的单调感，故摆放上咖色和英伦风格的抱枕，丰富了居室的表情。

◀ 花色丰富的沙发令居室充满了艺术感，也丰富了空间。

2 茶几
与沙发配套使用的客厅家具

茶几是客厅中较为常见的家具，家居中最为常规的摆放形式为安放在沙发中间，起到搁置茶杯、水果等物品的作用。也可以变换思维，利用不同形态、材质的茶几，创造家居空间与众不同的容颜。

Originality
小改动 大创意

不同造型的茶几令家居空间充满创意

传统的茶几造型多为方形和圆形。除了这两种形态之外，还可以通过摆放特殊造型的茶几，来为居室空间增加创意氛围。例如，几何造型、不规则造型的茶几等，这些带有非常规特色的茶几，不仅本身就是一件极佳的装饰品，与空间相融，还会令居室更具特色。

▲ 半月形的茶几与沙发造型感十足，最富有新意的是茶几在不用时还可以成为沙发的一部分。

▲ 用一面"鼓"作为茶几，非常具有创意，在其底部铺设一块剑麻地毯，与之搭配得较为和谐，同时令客厅充满混搭的丰富层次。

不同材质的茶几适合不同的居室风格

家居风格多种多样，因此茶几的选择也可以根据不同的家居风格区别对待。传统的木质茶几几乎适合任何家居风格；玻璃与金属材质的茶几则较为适合现代风格的家居；藤制、竹制茶几较为适合偏自然风情的家居，如东南亚风格、乡村田园风格等；而石材类的茶几则能令家居空间显得大气而尊贵，因此较为适合欧式风格的家居。

▲ 几何形的透明茶几，在材质上更加晶莹剔透，令居室充满了后现代气息。

◀ 藤制茶几加绿萝的设计，令家中充满了清新的氛围，非常适合喜爱自然风情的居住者。

实用型茶几令家居生活更加便捷

茶几在家居中，相对于沙发、睡床、书柜等家具，并非空间中的主角。不过，体量小巧的茶几，如果选用合理，也可以为家居生活带来不小的便利性。例如，带有收纳功能的茶几，不仅可以将一些日常杂物收纳其中，令家居容颜更显素整，同时其特有的实用功能，也令居住者使用起来更加舒适、轻松。

▲ 沙发前的两个造型感极强的茶几，具有很强的实用性——作为小书架来使用，主人可以将喜爱的书籍放置在此，闲暇时刻在此倾心阅读，避免了去书房拿取的麻烦。

◀ 方正的茶几具有强大的收纳功能，将平时品茶用的物品或者爱吃的零食收纳其中，既不影响居室素雅的氛围，又方便拿取，为生活提供了便利。

3 座椅
美观+实用的客厅家具

单人座椅美观实用，又不会占用过多空间，因此在客厅中的出现频率较高。摆放时最好以提供便利生活为前提，尽量放在手能够到茶几或边桌的距离内。传统的摆法是在沙发的两侧都多放一张单人座椅，令整个空间看起来更整齐。

Originality
小改动大创意

不同形状的座椅要根据不同的空间需求来选择

单人座椅的造型很多，如圆形、方形、不规则形等，可以根据家居风格来选择。如现代风格的居室，可以考虑选择不规则形状的座椅来增添居室的时尚感。另外，也可以根据家居生活中的实际情况来选择。如平时家里的来客较多，则可以摆放若干体量不大的圆凳，既不会造成视觉的杂乱，也不会有拥挤感，还能让空间多些柔和的线条。

▲ 简约风格的居室追求至简，摒弃繁复的造型，圆形单人座椅的造型简洁而不失流畅感；同时也可以将座椅换成小体量的方形座椅，与家居风格依然协调。

◄ 犀牛造型的单人座椅极具创意，令空间充满艺术气息；也可以考虑换成与沙发同样具有复古韵味的座椅，迎合空间主调。

混搭单人座椅可以表现个人品位

单人座椅可以采用任何材质，不必和沙发一样。最常用的形式为一字形沙发配两张单人椅，两张单椅最好也不要一样，既可以展示出居住者与众不同的品位，还能有效装点客厅彩度，令客厅不再死气沉沉。但有些家居风格在座椅的材质上有一定的偏好，如中式风格的家居常用木质座椅，现代风格的家居则偏爱金属、玻璃等材质。

▲ 皮质的单人座椅与绒面沙发形成材质与色彩上的对比，令空间的表情更加生动。

◀ 欧式田园风格的家居偏爱布艺家具，但布艺的单人小沙发也可以换成原木座椅，依然符合家居风格。

不同的家居风格也要选择不同的座椅风格

在座椅的选择上，不同的家居风格往往也有着与自身风格相配套的座椅品种。如符合中式风格居室的座椅品种有圈椅、太师椅、玫瑰椅等；符合现代风格居室的座椅品种有球椅、蘑菇椅、蛋椅等。

▲ 木质摇椅非常符合地中海风格家居追求休闲的理念，但也可以将摇椅替换成简洁的板式座椅，地中海风情同样呼之欲出。

◀ 新中式的客厅中，选择了绣墩和造型简洁的木椅来作为空间的倚坐家具；其中木椅也可以换成白漆圈椅，不仅与家居风格相符，也可以为家居环境带来更多的视觉变化。

4 餐桌椅
餐厅中不容忽视的主要家具

餐桌椅是餐厅中最主要的家具，其用材比较广泛，是人类日常生活和社会活动中使用的具有坐卧、凭倚、餐食等功能的器具。一般来说，餐桌大小不要超过整个餐厅的1/3。按设计方式不同，分为连体餐桌椅和分体餐桌椅。

Originality
小改动大创意

餐桌的形状与家庭氛围密切相关

餐桌的形状对家居的氛围有一定影响，一般来说方形餐桌要比圆形餐桌实用，但原则上餐桌的形状还是应该根据居住者需求加以选择。如长方形餐桌较适用于多有聚会的家庭；圆形餐桌更适合三世同堂的家庭，塑造团圆气息。另外，还有一些不规则的餐桌造型，则适合追求时代潮流的年轻人使用。

▲ 家中常会有朋友小聚，可以选择长椭圆形的餐桌，增加座椅数量；同时也可以替换成长形餐桌，同样可以满足会客需求。

◀ 圆形的餐桌具有圆满之意，搭配圆凳，更显协调；圆凳也可以适当替换成圈椅，同样与家居风格吻合。

根据家居风格选择合适的餐桌材质

餐桌还可以根据家居整体风格进行选择，如豪华型欧式装修，可以选择雕花兽腿餐桌；中式餐厅可以选择八仙桌或实木老式餐桌；风格简洁的现代餐厅，则可考虑购买一款玻璃台面、款式简洁大方的餐桌。需要注意的是，木桌虽优雅，但容易刮伤，使用时需要隔热垫；玻璃桌需要注意是否为强化玻璃，厚度最好是2厘米以上。

▲ 欧式风格的餐厅选用了带有精美雕花的兽腿餐桌，令空间充满精致的格调；如果不喜欢复杂的造型，也可以选择不带雕花的欧式餐桌。

◀ 玻璃材质的餐桌晶莹剔透，适合现代风格的居室；也可以用和餐椅同材质的餐桌样式，同样不影响家居风格的体现。

根据不同餐厅面积选择不同形式的餐桌

餐桌椅的运用和餐厅面积休戚相关。如果是独立餐厅，可选择厚重、大气的餐桌和空间相配；如果餐厅面积有限，平时就餐人数不多，节假日时就餐人员增加，则可以选择目前市场上最常见的款式——伸缩式餐桌，即中间有活动板，平时不用时收在桌子中间或拿下来。

▲ 面积有限的小家庭，可以用一张餐桌担任多种角色，如选择折叠式餐桌，根据用餐人数来选择运用形式；平时全部折叠起来既节省空间，也可以作为吧台使用。

◀ 独立式餐厅的面积较大，不仅可以摆放圆形餐桌，换成木质长方形餐桌同样适用。

033

5 睡床
卧室中毋庸置疑的主角

床是卧室中毋庸置疑的主角，不仅是睡觉的工具，也是家庭的装饰品之一。摆放时，若床尾一侧墙面设有衣柜，床尾和衣柜之间要留90厘米以上的过道；床头两侧最好有一边离侧墙保持60厘米的宽度，便于从侧边上下床。

Originality 小改动 大创意

睡床的形式可以根据不同居住人群进行选择

居住的人群不同，对于睡床的需求也不同。年轻人喜欢简洁的生活方式，在睡床的选择上往往倾向于简洁的造型，例如没有床头板、床柱和装饰的平板床；新婚夫妻追求浪漫的环境，带有帷幔的天蓬床，是绝佳的选择。另外，老年人在睡床的选择上，大多会追求沉稳色调的实木床；而儿童则对富有童趣造型的睡床情有独钟。

▲ 汽车造型的睡床童趣十足，是家中孩童的最爱；也可以根据儿童的喜好，替换成其他形状的卡通睡床。

◀ 带有帷幔的睡床，具有天生的浪漫气息，十分适合新婚壁人使用；也可以将其替换成圆形睡床，另有一番风味。

不同材质的睡床运用方式也不同

睡床的材质同样多种多样，比较常用的材质为木质；木质睡床的种类很多，像欧式四柱床、中式架子床等，大多为木材基质。而像铁艺床，因其优美的造型，被广泛运用于田园风格的家居之中；气垫床以其低廉的价格和收纳方便的特点，得到年轻人的认可。

▲ 气垫床收放自如，也不会过多占用空间，十分适合简约居室；也可以将其替换成造型简洁的平台床，同样吻合空间气质。

◀ 铁艺床具有精致唯美的视觉效果，令欧式田园风格的卧室更显雅致；也可以替换成与家具同色系的板式床，最好再带点仿旧效果。

睡床的风格要和家居风格匹配

睡床的风格有很多，可以根据家居风格来进行匹配。例如，欧式风格的卧室可以选择四柱床，中式风格的卧室可以选择架子床，现代风格的卧室则可以选择造型简洁的板床。另外，床头板的选择，也要考虑到居室的整体风格，与卧室背景墙相协调，不要出现中式风格的床头板搭配欧式风格的背景墙，令居室氛围显得不伦不类。

▲ 雍容华贵的软包床头架与卧室背景墙搭配得十分协调；也可以把睡床替换成欧式四柱床，需要注意的是，不要选择柱体过高的四柱床。

◀ 中式风格的卧室中，非常适合摆放中式架子床；也可以把架子床替换成古朴的中式木雕花床，同样可以令空间彰显出雅致格调。

6 灯具
居室内最具魅力的情调大师

灯具在家居空间中不仅具有装饰作用，同时兼具照明的实用功能。造型各异的灯具，可以令家居环境呈现出不同的容貌，创造出与众不同的家居环境；而灯具散射出的灯光既可以创造气氛，又可以加强空间感和立体感，可谓是居室内最具有魅力的情调大师。

Originality
小改动大创意

灯具应与家居环境装修风格相协调

灯具的选择必须考虑到家居装修的风格、墙面的色泽及家具的色彩等，若灯具与居室的整体风格不一致，则会弄巧成拙。如家居风格为简约风格，就不适合繁复华丽的水晶吊灯；或者室内墙纸色彩为浅色系，理当以暖色调的白炽灯为光源，可营造出明亮柔和的光环境。

▲ 带有书法字样的吊灯古韵十足，体现出居室雅致的氛围；也可以用仿古宫灯替换，令居室的古典气质更加浓郁。

◀ 水晶吊灯是欧式风格居室中的常用灯具之一，可以体现出空间华丽的风情；也可以用铁艺枝灯进行替换，同样可以彰显出浓郁的欧式风情。

根据自身实际需求和喜好选择灯具样式

灯具的选择多样，装修时也可根据自身需求和喜好来选择。如果注重灯的实用性，可以挑选黑色、深红色等深色系镶边的吸顶灯或落地灯；如果注重装饰性又追求现代化风格，则可选择造型活泼、灵动的灯饰；如果喜爱民族特色造型的灯具，可选择雕塑工艺落地灯。

▲ 客厅吊顶运用灯带，并用落地灯增加沙发区域的照度，实用性较强；如果想增加居室的现代风情，也可以考虑在吊灯上增设创意吊灯。

◀ 餐厅中将木质造型与吊灯相结合，将空间的创意风情展现得淋漓尽致；圆形的灯具也可以考虑替换成菱形灯具，与木质几何造型搭配相宜。

根据不同人群选择合适的灯具

不同人群对灯具的需求也不同。青年人要求灯饰突出新奇、个性；主体灯应造型富有创意，色彩鲜明。老年人的生活习惯简朴，所用灯具的色彩、造型要体现典雅大方的风范；主体灯可用单元组合宫灯或吸顶灯。中年人要求灯饰造型和色彩简洁、明快，如用旋臂式台灯或落地灯，有利于学习工作。儿童灯饰造型、色彩，既要体现童趣，又要有利于儿童健康成长；主体灯可用简洁式吊灯或吸顶灯，写字台桌面上的灯光要明亮，可用动物造型台灯。

▲ 花朵形状的壁灯精巧、可爱，用于女孩儿房与其空间气质十分吻合，令女孩儿房充满了浪漫、唯美的气息。

▲ 田园风格的居室给人以活力的气息，较为适合年轻人居住。在灯具的选择上，既有晶莹剔透的水晶灯，也有精美的台灯，令居室充满了雅致情调。

7 窗帘
可以为居室营造出万种风情

窗帘是家居装饰中不可或缺的要素，或温馨或浪漫，或朴实或雍容，为居室带来万种风情。此外，窗帘还具有多种功能，如保护隐私、调节光线和室内保温等；而厚重、绒类布料的窗帘还可以吸收噪声，在一定程度上起到遮尘防噪的效果。

Originality 小改动大创意

窗帘质地可营造不同的家居风格和空间特征

窗帘的质地可以根据家居风格来选择。例如，想营造自然、清爽的家居环境，可以选择轻柔的布质类面料；想营造雍容、华丽的居家氛围，可选用柔滑的丝质面料；现代风格的居室可以选择易于清洁的百叶帘。另外，窗帘在卧室中占据非常重要的地位，以窗纱配布帘的双层面料组合为多，一来隔音，二来遮光效果好。

▲ 轻薄的纱帘可以营造出清爽、自然的家居空间，也可以替换成浅色系的布艺窗帘，同样不会影响整个空间的气质。

◀ 百叶帘使用方便，并且不会影响整个空间的采光，适合现代风格的居室；也可以用卷帘或垂直帘进行替换，与现代风格搭配得宜。

窗帘花色可以根据空间大小进行选择

"花色"是指窗帘花的造型和配色。窗帘图案不宜过于烦琐,要考虑打褶后的效果。窗帘花型有大小之分,可根据房间的大小进行具体选择。空间面积大,窗帘可选择较大花型,给人强烈的视觉冲击力,但会使空间感觉有所缩小。空间面积小,窗帘应选择较小的花型,令人感到温馨、恬静,且会使空间感觉有所扩大。

▲ 田园风格的客厅面积不大,采用带有碎花图案的窗帘,不仅与居室风格相符,而且有扩大空间的作用;也可以将碎花窗帘更换为条形布艺窗帘,同样可以很好地体现田园气质。

▲ 欧式客厅的面积一般较大,窗帘的花型选择了复古的欧式花纹,给人大气、华贵的感觉;也可以选择丝绒材质的窗帘,同样吻合客厅的气质。

窗帘的颜色要与居室相协调

窗帘的颜色要与居室相协调,要与墙体、家具、地板等的色泽搭配和谐。例如,家具是深色调的,窗帘最好用浅色调,以免过深的颜色使人产生压抑感。另外,也可以根据所在地区的环境和季节而权衡确定。夏季宜选用冷色调的窗帘,冬季宜选用暖色调的窗帘,春秋两季则应选择中性色调的窗帘为主。

▲ 居室的色彩较为清新,因此窗帘可以选择和书架相同色系;另外,这款窗帘较为适合在冬天使用,丝绒的材质会给人温暖的感觉。

8 地毯
提升家居亮点的绝佳装饰

地毯是以棉、麻、毛、丝、草等天然纤维或化学合成纤维为原料，经手工或机械工艺进行编结、栽绒或纺织而成的地面铺敷物。最初，地毯用来铺地御寒，随着工艺的发展，成为了高级装饰品，能够隔热、防潮，具有较高的舒适感，同时兼具观赏效果。

Originality 小改动大创意

地毯的材质应根据功能空间及装修档次来选择

地毯的材质较多，家居中常用的地毯包括纯毛地毯、混纺地毯、化纤地毯和塑料地毯。纯毛地毯具有抑制细菌滋生、抗静电能力好等优点，常用于客厅、卧室及书房，适合高档装修的居室；混纺地毯由多种材质相互混合制作而成，克服了纯毛地毯保养困难的缺点，且价格较低，是现代装修中常用的地毯；化纤地毯的手感和外观与羊毛地毯类似，且耐磨防污、价格低，但容易产生静电；塑料地毯则是采用各种化学成分制成，防水防滑，常用于卫浴。

▲ 居室为简单装修，地毯的选择比较讲求高性价比，因此一款化纤地毯十分适用；同时也可以选择混纺地毯。

◀ 大面积的纯毛地毯符合居室富贵的气质，如果觉得面积过大难于打理，也可以选择铺设茶几大小的地毯，同样不会降低居室的档次。

地毯摆放方式可以根据家居空间的不同而变化

在挑高空旷的空间中，地毯的选择可以不受面积的制约而有更多变化，合理搭配一款适宜的地毯能弥补大空间的空旷缺陷。而在开放式的空间中，地毯不仅能起到装饰作用，还可用于象征性功能分区。例如，挑选一两块小地毯铺在就餐区和会客区，空间布局即刻一目了然；而在大房间中试试地毯压角斜铺，一定能为空间带去更多变化感；如果整个房间通铺长绒地毯，能起到收缩面积感、降低房高的视觉效果。

▲ 在面积较大的居室中，运用地毯来划分出不同的功能区域，既合理地利用了空间，又为空间注入了更多的功能。

地毯色彩的运用应结合家居整体色彩

在墙面、家具、软装饰都以白色为主的空间中，不妨在地毯上玩一回"色彩游戏"，让空间中的其他家居品都成为映衬地毯艳丽图案的背景色。而在色彩丰富的家居环境中，最好选用能呼应空间色彩的纯色地毯。另外，选择与壁纸、窗帘、靠包等装饰图案相同或近似的地毯，让空间呈现立体装饰效果，也是在装饰复杂的环境中使用地毯的法宝之一。

▲ 地毯的花色与窗帘、布艺沙发同属一个系列，令居室呈现出统一的格调，也避免了花色过多所带来的杂乱感。

▲ 空间的主色调为白色，通过软装的色彩来规避大面积白色的单调感；尤其是拼色地毯的运用，为居室带来绚丽的色彩。

9 抱枕
小角落里的色彩"调控师"

现代家居中，抱枕的运用范围广泛，一般在沙发、座椅、睡床上都能找到它们的身影。相对于功能性来说，抱枕更注重装饰性和娱乐性。因此，抱枕的材质、颜色与摆放形式会影响家居整体风格。另外，抱枕数量并非越多越好，可以尝试层叠摆放，增加居室的层次感。

Originality 小改动大创意

抱枕的造型及缝边形式可根据家居风格选择

抱枕的造型多种多样，除了方形，还有圆形、长方形、动物形状等，可以根据需求来选择。另外，抱枕的缝边形式也很多样，较为常见的有荷叶边、须边、内缝边、滚边及发辫边等。一般而言，须边、发辫边抱枕适合放在古典家具上；生机勃勃的荷叶边则适合乡村风味的家具；宽边抱枕则兼以乡村、现代风格；保守的内缝边或滚边抱枕则适合大部分风格的家居。

▲ 睡床上摆放发辫边的抱枕，与居室独有的华丽风情相吻合，增强了空间的风格特征；花色上也与整体色调相协调。

◀ 儿童房中摆放五角星及船锚形状的抱枕，十分具有童趣；同时空间中的小黄人及汽车布绒玩具也可以作为抱枕来使用。

同一色系的抱枕搭配令居室不显杂乱

说到抱枕的色彩搭配，安全又简单的方案是选择同一色系，并最好不偏离该色系。可以选择两三种不同图案或不同面料的抱枕，这样的搭配可以营造出带有冲击力的视觉感受。如果想要多一些色彩，但又不想令空间太过杂乱，则可以考虑邻近色或相似色。如大红色+枫叶红或绿色+芥末黄，这些颜色极其相似又略有差别，看起来会让沙发区显得宁静而优雅。

▲ 整体大空间的色调为中性色，抱枕的色彩也吻合了这种基调，邻近色的运用，既具有变化，又不会令空间显得杂乱。

◀ 碎花布艺沙发摆放了碎花及格纹抱枕，为了避免杂乱，选择了极为相似的色调；飘窗上的抱枕更为活泼，鸟类图案与居室的田园风格十分相搭。

根据居住者个性选择抱枕图案

抱枕图案可以说是居住者个性的一个展示，但表达要注意恰当。如果居住者个性安静、斯文，可以用纯色或简洁图案的抱枕；如果居住者个性张扬、特立独行，则可以选择具有夸张图案、异国风情的刺绣或者拼贴图案的抱枕；如果居住者钟情文艺范儿，可以寻找一些灵感来自于艺术绘画的抱枕图案；而给儿童准备的抱枕，卡通动漫图案自然是最好的选择。

▲ 客厅的装饰及色彩极具视觉冲击力，从侧面反映出居住者个性、时尚的风格；在抱枕的选择上，运用了英文字母及涂鸦图案，令居室更加具有艺术感。

◀ 空间的整体风格较为素雅，反映出居住者恬淡的生活态度；在抱枕的选择上，运用了长条形花纹布艺抱枕，既淡雅，又不会令居室显得过于单调。

10 床上用品

卧室中极为重要的软装元素

床上用品是卧室中非常重要的软装元素，能够体现居住者的身份、爱好和品位。床上用品除满足美观的要求外，更注重其舒适度。舒适度主要取决于采用的面料，好的面料应该兼具高撕裂强度、耐磨性、吸湿性和良好的手感；另外，缩水率应该控制在1%之内。

Originality 小改动大创意

不同的家居环境选择的床品材质也不同

常用的床上用品面料包含涤棉、纯棉、真丝、麻类等。纯棉手感好，吸湿性强，带静电少，花纹丰富，是床上用品广泛采用的材质。涤棉布面细薄，耐磨性较好，且价格实惠，但舒适、贴身性不如纯棉；面料多为浅色调，适合春夏季节使用。真丝和贡缎面料外观华丽、富贵，一般适合欧式风格的家居。麻类床品具有卫生、抗菌、改善睡眠质量等功能，受到很多家庭的青睐，尤其适合田园风格的家居。

▲ 欧式花纹的贡缎床品符合卧室的风格特征，也为居室带来了更加华贵的空间印象；如果不想令空间显得过于花哨，也可以选择暗纹的贡缎床品。

◀ 纯棉材质的床品用于家居中，可以带来良好的睡眠感受；同时可以根据季节来调换不同颜色及图案的床品，令家居充满变化。

根据家居风格选择合适的床品

根据家居主题尤其是卧室的具体氛围选择床品，会达到事半功倍的效果。花卉、圆点等图案的床品配田园格调十分恰当；粉色主题的床品会使法式浪漫的卧室更显浓情；抽象图案则更适合简洁的现代风格。另外，不要忘记床品底色，即使格调选对了，颜色相冲或不协调同样也会失败。

▲ 碎花图案的床品最适合田园风格的卧室，由于空间整体色彩比较鲜艳，因此床品的色彩选择也比较靓丽。

▲ 现代风格的卧室选择了方格图案的床品，同时床品的色彩也比较淡雅，与空间的整体气质相投；另外，仅是纯色的床品也非常符合现代风格的卧室。

床品可以根据室内色彩及床头形式进行选择

一般来说，卧室的墙壁和家具色彩较为柔和，因此床品选择与之相同或相近的色调绝对不会出错，同时，统一的色调也可以令睡眠氛围更柔和。此外，床品也可以根据床头设计来选择，如中式古典的床头，可以选择红色或黄色的中式花纹图案的床品；简洁型床头则可以选择纯色或几何形状的花纹床品；而如果是华贵的软装床头，则最好选择欧式花纹的贡缎床品。

▲ 中式风格的架子床古朴而厚重，搭配红色的床品，将中式风情渲染得淋漓尽致；如果想令空间更具中式的宫廷感，可以选择带有黄色团型云纹的贡缎床品。

◀ 由于床身与床头柜体是组合式设计，样式均十分简洁，因此床品的色彩及图案均属于简约范儿。

11 餐厅布艺
令餐厅更显温暖与舒适

餐厅的布艺织物呈多元化特征，不仅包括窗帘，还拥有诸如餐桌布、椅套等独具空间特色的布艺。想要营造温暖舒适的就餐环境，还可以将硬朗的餐厅隔断改成柔软的布帘；或是使用布艺材料做成的装饰画等。但是，像地毯这种在客厅中经常出现的布艺，却并不适用于餐厅。

Originality 小改动大创意

餐厅的窗帘应根据居室大小进行选择

窗帘的宽度尺寸，一般以两侧比窗户各宽出10厘米左右为宜，底部应视窗帘式样而定，短式窗帘也应以长于窗台底线20厘米左右为宜；落地窗帘一般应距地面2～3厘米。在样式方面，一般小餐厅的窗帘应以比较简洁的样式为宜，以免使空间因为窗帘的繁杂而显得更为窄小。而对于大餐厅，则宜采用比较大方、气派、精致的样式。

▲ 由于餐厅的面积不大，窗户也比较小，因此选择了造型简洁而不乏设计感的白色罗马帘；同时也可以选择百叶帘、卷帘等小幅窗帘。

◀ 独立餐厅拥有大面积的落地窗，因此选择了同样具有大气感的窗帘；同时可以选择带有帷幔的欧式窗帘，同样符合新古典风格的特质，但要注意款式不宜过于复杂。

餐厅中的布艺图案不宜过于繁杂

餐厅中的布艺，选择时要注意与整体大环境相协调。例如，田园风格的餐厅，布艺织物的图案应以碎花、格子为主；现代风格的餐厅，布艺织物则可以用纯色或暗纹图案。整体来说，餐厅中的布艺织物在色彩上应以暖色调为主，图案上不要过于繁杂，避免喧宾夺主。

▲ 纯色桌布用于现代风格的餐厅中，丝毫不会破坏整体空间素雅、简洁的气质；如果觉得纯色过于素雅，也可以考虑带有暗纹的桌布。

◀ 格纹的布艺桌布最适合田园风格的餐厅，同时也可以将格纹替换成条纹或碎花图案，同样符合空间的特质。

根据居住者的不同生活习惯选择不同材质的桌布

桌布是餐厅中常用的布艺之一，按生产工艺材质可分为塑料类和纺织类。如果居住者有充裕的时间，可以选用纺织类纯棉丝类别的桌布，虽然清洗更换较麻烦，但是吸水效果好，也比较舒适。如果是喜欢清洗、清洁方便的居住者，就选用塑料材质，但购买时要注意桌布的环保性，做到无毒无味。

▲ 为了方便打理，在餐桌上铺了纯棉桌布的同时，又加铺了一层透明的塑料桌布；如果觉得铺设两层桌布过于麻烦，也可以直接铺设带有图案的塑料桌布。

◀ 绚丽色彩的条纹桌布消除了餐厅色彩过于平淡的弊端，纯棉的材质也符合空间的乡村风格；图案的选择也很广泛，纯色、格纹等均很适合。

12 装饰画
提升家居格调的"美颜家"

装饰画属于一种装饰艺术，给人带来视觉美感、愉悦心灵。同时装饰画也是墙面装饰的点睛之笔，即使是白色的墙面，搭配几幅装饰画即刻就可以变得生动起来。但装饰画并不是越多越好，应坚持宁少勿多、宁缺毋滥的原则，在一个空间环境里形成一两个视觉点即可。

Originality 小改动大创意

装饰画的大小要根据家居实际情况选择

选择装饰画时，要考虑空间大小。如果墙面有足够的空间，可以挂置一幅面积较大的装饰画；当空间较局促时，则应当考虑面积较小的装饰画，这样才不会令墙面产生压迫感。另外，在买装饰画前一定要测量好挂画墙面的长度和宽度，注意装饰画的整体形状和墙面搭配，一般来说，狭长墙面适合挂放狭长、多幅组合或小幅画；方形墙面适合挂放横幅、方形或小幅画。

▲ 沙发背景墙上悬挂一幅和沙发抱枕色泽相似的装饰画，为居室带来统一的格调；而墙面其他的留白部分，则令空间显得不那么拥挤。

◀ 狭长的墙面悬挂多幅小尺寸的挂画可以化解户型所带来的缺陷，形状上的多样组合，丰富了空间的层次。

不同类别的装饰画搭配的家居风格也不同

常见的装饰画有油画、摄影画、中国画和工艺画。其中，油画具有极强的表现力，特别适合同样追求色彩厚重、风格华丽的欧式风格。摄影画的主题多样，不同画面的色彩和主题，可以搭配多种家居风格。中国画具有清雅、悠远的意境，特别适合与中式风格搭配。工艺画是用各种材料通过拼贴、镶嵌、彩绘等工艺制作而成，不同装饰风格可以选择不同工艺的装饰画。

▲ 以装饰盘为题材的工艺画，既精致又古朴，与整体空间搭配得恰到好处；也可以选择书法等具有中式风情的装饰画，来展现空间特征。

◀ 以水墨荷花为题材的装饰画，具有高雅、清幽的特质，十分符合新中式风格的客厅；也可以用山水等题材的水墨画进行替换，丝毫不会对整体格调产生影响。

装饰画框的选择同样要与家居风格匹配

装饰画除了内容形式之外，其画框的搭配也很重要。不同的家居风格应选择不同的装饰画框，如现代和简约风格，多会选择无框画；田园风格的家居则偏爱木质画框；中式家居的画框一般也为木质，但相对于田园风格，画框的形式多会运用中式元素，如回字纹等；由于欧式风格追求细节的精致，所以装饰画框应选用线条繁复，看上去比较厚重的金属画框，而且不排斥描金、雕花。

▲ 人物图案的无框装饰画，因具有视觉冲击力的色彩而令空间显得时尚个性；如果将其替换成同样色彩鲜艳的抽象艺术画，在空间中也很适用。

▲ 大幅人物装饰画为居室增添了英伦特色，令居室具有高雅的氛围；繁复而奢华的画框与居室的风格十分吻合。

13 照片墙
令空间趣味横生的灵活装饰

家居中的照片墙因承载着展现家庭重要记忆的使命而得到了很多人的青睐。照片墙的叫法有很多种，比如相框墙、相片墙，或者背景墙之类。照片墙不仅形式各样，同时还可以演变为手绘照片墙，为家居带来更多的视觉变化。

Originality 小改动大创意

照片墙的内容可以根据室内风格定制

照片墙的内容可以是记录居住者生活的照片、漂亮的艺术照，也可以是风景明信片或者居住者感兴趣的主题照片。一般来说，生活照片适合任何风格的居室；现代风格的居室则可以选择一些黑白明信片制作照片墙；而像新古典风格的居室，则常常会用到"赫本"头像来作为照片墙的内容。

▲ "赫本"头像与其他画作搭配而成的照片墙，符合新古典风格的特征，优雅而精致；也可以将其替换成欧式建筑的明信片，同样适用。

◀ 黑白装饰画没有选择悬挂在墙上，而是摆放在墙面搁架上，十分具有新意；大小不同的装饰画，也令这面非传统的照片墙显得更加灵动多姿。

照片墙的整体和单一个体皆具有灵活多变的特征

照片墙的整体形状可以是长方形、正方形、心形等，也可以是不规则的几何形状；单个照片的形式也不拘泥于传统的长方形照片，圆形、椭圆形同样适用，或者将几种形状的单一照片进行组合，形成一面与众不同的照片墙。另外，照片墙还可以跟装饰品组合设计，例如在照片墙中加入镜子、兽头等。

▲ 由于卧室门的造型较为独特，因此照片墙的摆放形式也有别于传统的规则造型，而是将六边形组合排列，形成了具有视觉变化的照片墙。

◀ 在照片墙中加入镜子、鸟笼等非相框的装饰元素，令照片墙更具视觉变化性；同时不同形状的对比，也令照片墙显得极具艺术格调。

照片墙的相框材质同样可以成为室内装饰

照片墙相框材质的种类较为丰富，包括木质、铁艺、塑料和树脂等。木质相框简单大方、自然环保，相框的颜色还可以涂刷成不同的颜色，可以适应各种家居环境。铁艺材质的相框具有造型多样的特点，可以为家居增添艺术氛围。树脂相框同样具有造型多样的优势，而塑料相框则大多造型简洁，比较适用于现代、简约风格的居室。

▲ 木质相框十分适合乡村风格的居室，不同的相框色彩，令空间显得更加灵动；相框的色彩也没有局限，可以根据喜好，进行替换。

◀ 以新婚照片为题材的照片墙，体现出空间的浪漫氛围；铁艺与木质相框的搭配使用，也令空间显得更为精致。

14 艺术墙贴

引领家居装饰新潮流

墙贴是已设计和制作好的现成图案的不干胶贴纸，只需要动手贴在墙上、玻璃上或瓷砖上即可。墙贴搭配整体的装修风格，以及居住者的个人气质，可以为家赋予新的生命，同时引领家居装饰新潮流。

Originality 小改动大创意

根据家居风格选择相匹配的墙贴

现代风格的居室强调时尚、个性，可以采用立体墙贴、水晶墙贴等，能够很好地彰显家居特色。由于欧式风格和中式风格追求典雅、大气，因此家居中不建议大面积使用墙贴，仅在个别角落位置做点缀装饰即可。田园风格的家居，可以在空间多处位置运用墙贴，在图案的选择上，除了传统的花卉、藤蔓图案，也可以运用燕子、盆栽等具有田园特征的元素作为墙贴出现。

▲ 带有立体感的装饰墙贴，令现代风格的居室更具时代特征；装饰墙贴的造型并不局限于大树，也可以选择其他的装饰造型。

◀ 向日葵装饰墙贴，与整体空间的田园气质相符，搭配木质栅栏，更具自然风情；也可以根据喜好，将向日葵图案更换成其他图案。

根据装修档次选择不同形式的墙贴

墙贴的材质包括纯纸、无纺布、树脂合成纸、PVC材质等。常用的一般为PVC材质，具有价格低廉、粘贴方便的优点，但较为适合中低档装修的家居。稍微高档一点的装修，可以考虑运用立体壁雕，从不同的角度看，由于光照和阴影的关系，会呈现出不同的视觉感受，令家居空间显得错落有致、动感十足，为空间赋予更多的灵性。

▲ 心形的立体壁雕令空间更加具有层次感，相较于PVC材质的墙贴，也略显高档，较为适合追求品质的人群。

▲ 木兰花图案与整体空间素雅的格调相符，其PVC材质具有价格低廉、易于清洁的优点；也可以考虑纯纸材质，同样适用。

具有特色的墙贴可以营造出创意居室

除了成品墙贴之外，市场上还会出售一些装饰字母灯管，这些字母可以拼出自己或伴侣的名字，也能拼成节日祝福语；贴在居室的墙面上，可以增添整个空间的温馨甜蜜感。另外，还可以利用各种风格的胶带做DIY墙贴（先在空白的墙面上描绘出喜爱的涂鸦图案，再进行粘贴）。这两种方法都可以令家居更具创意感。

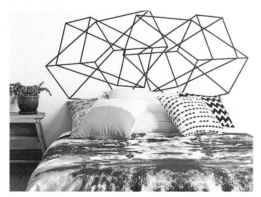

▲ 在卧室背景墙上用黑色的胶带纸拼贴出几何形状的图形，打破了白色墙面的单调，令居室呈现出立体感与艺术感；在造型上也可以根据喜好进行调整。

▲ 运用装饰灯作为墙面装饰，既美化了墙面，又可以用作居室照明，一举两得；这种装饰灯，还可以根据不同的节日替换成不同的字母，十分有趣。

15 手绘墙
体现居住者品位的艺术装饰

手绘墙画是运用环保的绘画颜料，依照居住者的爱好和兴趣，并迎合家居的整体风格，在墙面上绘出各种图案以达到装饰效果。手绘墙画适用于现代家居文化设计，不但具有很好的装饰效果，独有的画面也体现了居住者的时尚品位。

Originality
小改动大创意

手绘墙的图案应根据家居风格选择

色彩艳丽的现代风格家居，可以选择色彩丰富的写实图案；如果色彩游走于黑白灰之间，手绘墙多为经过处理的抽象图案。中式风格手绘墙的色彩以黑色、红色、金色居多；图案来源于中国传统的图案和纹样，或国画中经常表现的图案。欧式风格的手绘墙色彩中性，多以完整图画出现，突出端庄古典的贵族气质。田园家居的手绘墙可以不拘泥正规位置，边角随意涂鸦勾画很多见，注重线条感，图画构图工整但色彩淡雅，常见的图案有花卉、藤蔓等。

▲ 带有自然风情的书房，在其墙面上绘制了一幅极具童趣的手绘图案，并结合真实的篮筐做设计，平面与立体的结合，极具创意性。

◀ 荷花图案的手绘墙令中式风情典雅特征体现得十分到位；黑色、红色的色彩搭配也与空间的整体色彩相协调。

手绘墙的位置选择在家居中可以很随意

手绘作品的每一笔、每一个色彩都极具个性，一般会在绘画前根据房间的整体风格、色调来选择尺寸、图案、颜色及造型，而且手绘并不局限于家中的某个位置，客厅、卧室、餐厅甚至卫浴都可以选择。一般来说，目前居室内选择手绘作品作为电视背景墙和餐厅装饰的较多；也常常会在开关、拱形门处通过手绘做细节装饰。

▲ 依拱门的造型绘制一幅手绘图案，大树、鸟、山脉及人物的画作内容，既具有生机，又十分温情；同时与实木栅栏也融合得十分到位。

◀ 大面积的手绘墙令电视背景墙显得不再过于单调，地中海风情的绘画题材仿佛将海风清唱的感觉带入到了室内；同时，森林题材的手绘墙也与绿色系为主调的空间相协调。

不同空间位置的手绘图案应有所差别

一般来说，不建议整个房间都制作成手绘墙，会令空间显得没有层次。可以选择一个主墙面进行大面积绘制。绘制这类主题墙的目的是要带给人强大的视觉冲击力，因此画作内容可以丰富多彩一些。另外，针对一些特殊空间，如阳光房，可以在局部绘制以太阳、花鸟为主题的画作；在楼梯间则可绘制大树，这样的画作内容可以很好地凸显空间特征。还有一类手绘墙属于点睛类型，如开关座、空调管等角落位置，适合绘制小型图案，以增添空间的精致感。

▲ 带有童趣的手绘图案，与儿童房的特征十分匹配；手绘墙的图案也可以根据家中孩童的喜好进行替换。

▲ 在开关这样的细部位置绘制图案，令空间显得更加活泼；童趣的图案，也令突兀的开关显得不再呆板、生硬。

16 工艺品
创造出高于生活的装饰价值

工艺品是通过手工或机器将原料或半成品加工而成的产品。工艺品来源于生活，却又创造了高于生活的价值。在家居中运用工艺品进行装饰时，要注意不宜过多、过滥，只有摆放得当、恰到好处，才能拥有良好的装饰效果。

Originality
小改动 大创意

不同的家居风格其工艺品的材质也有区别

现代风格家居的家具一般总体颜色比较浅，所以工艺品应承担点缀作用，造型简单别致的陶瓷、金属、玻璃工艺品都很适合。中式风格的室内工艺品追求的是一种修身养性的生活境界，因此像青花瓷、玉石工艺品等可以很好地彰显空间格调。欧式风格家居中的工艺品讲究精致与艺术，金边茶具、银器、玻璃杯、雕像等器件是很好的点缀物品。而打造田园家居氛围，一两件极具田园气质的工艺品就能塑造出别样情怀，如石头、树枝、竹藤等。

▲ 将木质雕刻的长尾鸟摆放在茶几上，很好地体现了居室的乡村风情；自然界中的插花与木枝则更加凸显出空间的野趣。

◀ 欧式风格的客厅采用了雕像、金属烛台等工艺品进行装点，为空间增加了典雅的情怀；天鹅陶艺品、金属酒架等工艺品也非常适合欧式风格的居室。

根据不同的家居空间选择工艺品的摆放形式

客厅作为家居中的主空间，配置工艺品要遵循少而精的原则，并注意视觉效果；餐厅中的工艺品陈设要适量，要与整体氛围"情投意合"，简单有效的工艺品为杯盘碗盏；卧室最好选择柔软、体量小的工艺品，不适合在墙面上悬挂鹿头、牛头等兽类装饰；书房中的工艺品应体现出端丽、清雅，抽象工艺品、文房四宝等均能很好地凸显书房韵味；而陶瓷、塑料则是卫浴最受欢迎的材料，色彩艳丽且不容易受到潮湿空气的影响，清洁方便。

▲ 沙发背景墙用简易搁架打造收纳平台，在上面整齐地摆放编织收纳筐，既节省空间，又带有装饰性；茶几上的玻璃装饰品数量不多，但色彩十分亮眼，成为空间中点睛设计。

▲ 卫浴中选择了塑料材质的青蛙肥皂盒及配套的沐浴球，为小空间注入了乐趣；同时，插花花器也选择了耐潮、易清洁的材质，吻合功能空间对工艺品材质的需求。

不同体量的工艺品摆放在家居中的位置也不同

一些较大型的反映设计主题的工艺品，应放在较为突出的视觉中心位置，如在起居室主要墙面上悬挂主题性的装饰物，常用的有兽骨、兽头、绘画、条幅或个人喜爱的收藏等。小型工艺饰品（如彩色陶艺等可以随意摆放的小饰品）是最容易上手的布置单品，往往会成为视觉的焦点，更能体现居住者的兴趣和爱好。

▲ 客厅的沙发附近的位置，摆放了大量带有中式民族风情的装饰品，将居住者的品位呈现出来，也令空间彰显出高雅的氛围。

▲ 将沙发背景墙设计为一整面书柜，将家居中的书籍做了有效收纳；为了避免单调，在书柜中点缀小型工艺品，令墙面熠熠生辉。

17 餐具
餐厅中赏心悦目的重要软装

餐具是餐厅中重要的软装部分，精美的餐具令人赏心悦目，增进食欲，讲究的餐具搭配更能够从细节上体现居住者的高雅品位。或素雅、或高贵、或简洁、或繁复的不同颜色及图案的餐具搭配，能够体现出不同的饮食意境。

Originality
小改动 大创意

不同风格的餐厅搭配的餐具图案也不同

餐具既是用餐工具，也是用来装饰餐桌的最佳用具，一套精美的餐具在恰当的位置摆放，能够凸显出居住者的文化素养。餐具的款式选择宜从餐桌的风格入手。例如，欧式风格的餐厅，可以搭配描金花纹类的餐具；充满现代感的餐厅可以搭配色彩活泼一些的大花餐具及水晶材质、金属材质的餐具；中式风格的餐厅则可采用古典花纹款式的餐具，如青花瓷等。

▲ 青花瓷餐具与青花瓷花瓶相辅相成，共同达成中式餐厅的雅致情怀；青花餐具也可以替换成普通的白瓷餐具，在色调上依然符合清幽的氛围。

◀ 带有描金边图案的骨质瓷餐具具有与生俱来的贵族特质，十分符合洛可可风格的气质；同时，骨质瓷的花纹种类也较为丰富，可以根据喜好选择。

根据居住者生活品质的不同选择不同质地的餐具

家居中常用的餐具材质大致可以分为陶、骨瓷、白瓷、水晶和玻璃等。陶制品的色泽呈棕褐色或灰色，富有文化底蕴，非常适合讲究品位生活的居住者；骨瓷制品能呈现高雅、亮洁的质感，最适合亲友团聚、全家小酌之用；白瓷为最常见的瓷器，很多家庭中均会用到；水晶制品精致、剔透，比较适合追究较高生活水准的家庭；玻璃制品虽没有水晶制品的光芒四射，但也清澈自然，且价格适宜，被大部分家庭所认可。

▲ 白瓷餐具虽然没有过多装饰，却能为空间带来素雅、干净的视觉氛围；在简约风格的餐厅中也可以相应替换成透明的玻璃餐具，令空间更显精致。

◀ 透明的玻璃餐具搭配镜面与水晶造型吊灯，整个空间剔透而唯美；如果追求更为高档且有格调的氛围，也可以尝试运用水晶材质的餐具。

不同的餐具色彩及造型适合的人群也不同

餐具的色彩及造型丰富，不同的居住者需求也有所不同。一般来说，色彩鲜艳、造型独特的餐具比较适合年轻人；如果居住者的个性较为沉稳、低调，一般会选择色彩及造型均很简洁的餐具类型；如果家中有儿童，则可以选择一些卡通造型、色彩活泼的餐具，这样的餐具搭配还可以令空间充满童趣。

▲ 具有童趣的餐具用绚烂的色彩装点了餐厅，令空间具有了五彩斑斓的视觉效果；也体现出居住者活泼、热情的性格特征。

◀ 古朴而厚重的餐具，体现出居住者沉稳的性格特征，也令空间更具质感；另外，餐具与其他餐桌工艺品也搭配得十分和谐。

059

18 珠线帘

经济实惠的家居"软"隔断

珠线帘不仅可以有效分隔空间，还可以作为软装饰出现，既实用又美观。另外，珠线帘还具有容易悬挂、容易改变的特点，花色多样且经济实惠，可以根据房间的整体风格随意搭配，非常适合紧凑型的小居室。

Originality 小改动大创意

利用珠线帘打造唯美家居

串联珠帘的珠子一般可分为圆珠、方珠、爱心珠、八角珠等，这些珠子既可以单一出现，也可以多种进行组合，装饰形式多样。若是居住者不喜欢居住环境过于花哨，小型的圆珠珠帘较为适用；若是喜欢华丽的装饰，则可以选择带有切面的珠子，可以较好地反射室内光线。另外，线帘的装饰形式同样也很多，羽毛线帘、花朵线帘、爱心提花线帘等，每一种都可以将居室打造得十分唯美。

▲ 带有切面的珠帘，为居室带来晶莹剔透的视觉效果，与餐厅的灯饰搭配得十分协调；切面珠也可以换成其他的造型珠，同样不会影响增体空间的氛围。

◀ 选择常规的圆形珠帘，既起到隔断的作用，又不会令空间显得过于繁杂；当然，如果居住者喜欢丰富的空间环境，也可以适当调整珠帘的形状。

材质众多的珠线帘可以为居室营造出百变容颜

　　制作珠线帘的材质较多，如人造水晶珠、亚克力珠、天然贝壳、琉璃、棉线等。其中，人造水晶珠的透光和折光性均很好，且寿命长，较适合高档装修。亚克力珠色彩艳丽、品种多，但阳光暴晒会掉颜色，因此不适合挂在光线充足的地方。天然贝壳珠帘美观又环保，较适合做现代风格的装修隔断和背景墙。琉璃珠帘的价格较昂贵，是制作古典珠帘最适合的材质。线帘则更加轻盈、缥缈，使用方便，但一般较适合经济型装修。

▲ 五彩的天然贝壳珠帘丰富了空间的色彩，同时也起到分隔餐厅与练琴室的作用；另外，也可以用亚克力等材质来替换贝壳。

◀ 飘逸的线帘简洁而大方，且不会影响空间的通透感；线帘也可以用造型简洁的珠帘进行替代。

不同的珠线帘色彩可以令居室呈现出不同风貌

　　虽然珠线帘在家居中一般只是作为小面积的装饰出现，但与整体居室的色彩搭配同样非常重要。一般来说，强烈鲜艳的珠线帘色彩，会让居室显得活泼；质感厚重的深色调，会令居室显得紧凑；而淡雅素净的暖色，则能令居室显得温馨。

▲ 红色的珠帘令空间呈现出活泼、热情的氛围；珠帘也可以用飘逸的红色线帘来替换，同样与整体空间大环境相匹配。

▲ 白色的珠帘干净而素雅，为空间营造出飘逸、唯美的氛围；还可以用心形珠或其他造型珠来替换，同样可以令空间充满浪漫的格调。

19 屏风
具有多重功能的空间元素

屏风是一种灵活的空间元素，集实用性与艺术性两方面的功能于一体，能通过自身形状、色彩、质地、图案等特质融于丰富多元的空间环境之中。一般陈设于室内的显著位置，起到分隔、美化、挡风、协调等作用。

Originality 小改动大创意

不同题材内容的屏风摆放在不同风格的居室

屏风的题材众多，古典屏风的内容一般包括历史典故、文学名著、宗教神话、民间传说、山水人物、龙凤花鸟、书法等，摆放在居室内，可以增添居室的文化韵味。现代屏风的题材可以是抽象图案、简洁图案，或者是纯色等，既能分隔空间，又与居室的整体气质相符。

▲ 长方形的玻璃屏风，用来做空间隔断，既不影响通透性，又体现出空间现代特征；屏风如果用纯色的钢化玻璃也符合空间风格。

◀ 以《韩熙载夜宴图》为题材的装饰屏风，极具古典气质，十分适合中式风格的客厅；另外，其他古典题材的屏风，也同样适用。

不同的屏风材质使得居室风格各有千秋

屏风可分为木雕屏风、石材屏风、素绢屏风、玻璃屏风、竹藤屏风、金属屏风等。不同材质的屏风使得居室风格各有千秋，木雕、竹藤类屏风适合中式及东南亚风格的居室；玻璃、金属屏风适合现代及简约风格的居室；而石材屏风和素绢屏风则适合较为精致的装修风格，如新古典风格等。

▲ 铁艺屏风的装饰感极强，运用在楼梯转角处，分隔出一个相对独立的空间，充分发挥了空间功能；另外，还可以用玻璃、素绢等材质。

◀ 水墨素绢屏风令空间极具雅致情怀，增添了居室的装饰性；由于空间墙面为抛光石材，因此，屏风也可替换成同类材质。

屏风的色彩及装饰可以根据季节来选择

屏风一般有立地型和多扇折叠型两种，其表现形式有透明、半透明、封闭式及镂空式等。另外，不同的季节还可以选择不同质地、不同色彩的屏风。如秋季，屏风的色彩应鲜艳些；夏季，应选用清淡的色彩，能使居室显得清新、凉爽。而较时尚的是铁艺屏风，可根据季节的不同更换上面的布艺，令居室呈现出百变容颜。

▲ 白色的镂空铁艺屏风极具装饰性，同时与空间净白的色彩相协调，令空间显得干净而素雅。

◀ 铁艺与欧式题材的素绢结合而成的屏风，令居室具有了奢华、富贵的特质；鲜艳的色彩与沙发搭配得恰到好处。

20 绿植
塑造绿色有氧空间的好帮手

绿植为绿色观赏、观叶植物的简称，因其耐阴性能强，可作为室内观赏植物在室内种植养护。在家居空间中摆放绿植不仅可以起到美化空间的作用，还能为家居环境带入新鲜的空气，塑造出一个绿色有氧空间。

Originality
小改动大创意

绿植的类型同样需要结合居室风格来选择

室内摆放植物不要太多、太乱，不留空间，高度不宜超过2.3米，除了考虑绿植的摆放位置和尺寸外，还要考虑居室风格。如比较温馨或自然柔和的地中海风格，可随喜好选择各种绿植，但如果是色彩饱和度不高、偏灰色的装修风格，最好不要出现颜色十分艳丽或有绣球形状花朵的种类。

◤ 地中海风格充满了自然的有氧气息，在植物的选择上也很宽泛，无论是鲜翠欲滴的绿植，还是艳丽的观花植物，都与居室的风格相符。

◤ 中间色系为主的空间，绿植的选择较为低调，仅用绿萝与橡皮树来装点，就可以提升空间的整体格调。

植物与空间色彩的搭配应灵活

绿植的类型可以根据居室的色调来选择。居室环境色调浓重，植物色调就应浅淡些。如南方常见的万年青，叶面绿白相间，在浓重的背景下显得非常柔和。若居室环境的色调淡雅，植物的选择性相对就广泛一些，叶色深绿、叶形硕大和小巧玲珑、色调柔和的都可兼用。

[▲] 居室色彩较深，采用小株且颜色清浅的植物做搭配，来调节居室色彩的浓度。

[◀] 家居色彩为白色调，在植物的选择上，可以采用大植株与小盆栽的搭配方式，柔化居室的单调性。

不同家居空间的绿植选择应有所区别

客厅可以选择摆放一些果实类的植物或招财类植物，代表着家中硕果累累和财运滚滚，给客厅带来热烈的气息。餐厅植物则应以清洁、无异味的品种为主，且应与餐桌环境相协调，较适合的为黄色系花卉。卧室可以摆放具有柔软感、能松弛神经的植物，如君子兰、绿萝、文竹等。书房可以选用山竹花、常青藤等植物，可提高人的思维反应能力。而厨房和卫浴则应选择一些适应性强的小型盆花。

[▲] 卧室中用绿萝进行装点，为空间注入了清新的气息；也可以把绿萝更换成爱之蔓、佛珠等垂吊性植物。

[◀] 中式风格的客厅中，摆放红掌来装饰，体现出吉祥如意的寓意；君子兰、富贵竹等植物，也与空间的格调相符。

21 装饰花艺
再现自然美和生活美的艺术品

装饰花艺是指将剪切下来的植物的枝、叶、花、果作为素材，经过一定的技术（修剪、整枝、弯曲等）和艺术（构思、造型、配色等）加工，重新配置成一件精致完美、能再现自然美和生活美的花卉艺术品。花艺设计包含了雕塑、绘画等造型艺术的所有基本特征。

Originality
小改动大创意

装饰花艺的花材依据装修风格不同而有所不同

现代风格家居中的装饰花艺，其花材选择广泛，但最好选择颀长花卉，搭配透明玻璃花器就会很好看。中式风格在整体上呈现出优雅、清淡的格调，插花花材常用鹤望兰、菊花、木本绣球等。欧式风格追求高雅的奢华感，因此很适合用花朵繁复的玫瑰、向日葵、非洲菊来衬托。在田园风格的家居中，插花一般采用小体量的花卉，如薰衣草、雏菊等，这些花卉色彩鲜艳，给人以轻松活泼、生机盎然的感受。

▲ 在餐桌上摆放薰衣草插花，可以轻松地点染出空间的田园风情；水培的插花还具有更换便捷的特点，替换成雏菊、香雪兰等花卉，均能提升空间风格。

◀ 在玄关处摆放中式插花，与木格栅隔断、翘头案等具有中式风情的元素相呼应，令小空间呈现出雅致的格调；另外，花材的选择上也极具中式风情，菊花、枯枝搭配得十分和谐。

装饰花艺的色彩要根据环境的色彩来配置

如果家居环境的颜色较深，装饰花艺的色彩一般以淡雅为宜；如果家居环境的色彩简洁明亮，装饰花艺的色彩可以用得浓郁鲜艳一些。另外，装饰花艺的色彩还可以根据季节变化来运用，最简单的方法为使用当季花卉来作为主花材。

▲ 空间的整体色彩偏深色调，插花选择了淡雅的粉、白色为主色调，令空间显得不再沉闷。

◄ 大面积白色系的空间中，摆放饱和度很高的红色插花，给人带来眼前一亮的视觉观感；同时也可以采用几种不同色泽的花卉设计花艺作品，同样能提升空间格调。

花卉与花卉之间的色彩关系需协调

装饰花艺若只使用一种色彩的花材，色彩较容易处理，只要用相宜的绿色材料相衬托即可。若花材涉及两种以上，则需对各色花材审慎处理。要注意花卉色彩的重量感，正确运用色彩的重量感，可使色彩关系平衡又稳定。例如，在插花的上部用轻色，下部用重色；或者是体积小的花体用重色，体积大的花体用轻色。

▲ 插花上部用颜色相对淡雅的花材，底部用色彩相对深重的绿叶搭配，整个插花作品上轻下重，形成了视觉稳定性。

◄ 整个插花作品用了大量的绿色系，间或运用粉色和蓝色花卉做点缀，色泽稍微偏深的蓝色花卉的体量较小，不会喧宾夺主。

22 插花花器
令花艺作品更具艺术性

装饰花艺一般都要有相应的花器做陪衬，才能彰显出更加浓郁的艺术性。花卉与容器之间的色彩要求协调，但并不要求一致。可以采用对比色组合，如明度对比、冷暖对比等；也可以运用调和色处理，如采用色相相同、深浅不同的颜色来处理花卉与花器的色彩关系。

Originality 小改动大创意

品种多样的花器材质在家居中的应用广泛

花器的材质较多，可以根据个人喜好及居室风格来选择。例如，陶瓷花器的应用范围广泛，各种家居风格都能找到合适的款式；玻璃花器的颜色鲜艳，晶莹透亮，非常适合现代家居及北欧风格的家居；塑料花器是最为经济的花器，价格低廉、造型多样，一般年轻的居住者选择较多；金属花器具有豪华、敦厚的观感，在东西方的家居风格中均很常见；编织花器及做旧的铁皮花器具有朴实的质感，与花材搭配具有田园气氛，因此也最适用于田园家居。

▲ 鲜艳的铁艺花器极具田园风情，搭配蓝色小体量的野花，充分点染出居室的风格；铁艺花器也可以用材质自然的藤艺花器替代，同样吻合居室氛围。

◀ 干净的玻璃花器与北欧风格的特质十分吻合，通透而干净；玻璃花器也可以运用白色的陶艺花器替代，同样不会打破空间的素洁气质。

3 Chapter

10大格局改造实例解析

拆除隔墙+改变卧室门方向
成就光线十足的开敞式阳光宅

原有户型面积为98平方米，使用面积足够，且格局较为方正，属于较佳的户型。唯一不太理想的是，阳台和客厅之间有半隔墙，令阳光不能全面覆盖客厅空间。因此，可以考虑将隔墙拆除，打造成无阻隔的通透阳光客厅；同时利用白色、木色、灰色等干净的色彩提亮空间。

户型档案馆

户型格局

客厅、餐厅、厨房、主卧、次卧、客卧、主卫、客卫

主材列表

客厅：乳胶漆、仿古砖、木纹砖、石膏板、金镜

卧室：乳胶漆、壁纸、强化复合地板

卫浴及餐厅、厨房：壁纸、竹纹砖、仿古砖、釉面砖、铝扣板、石膏板

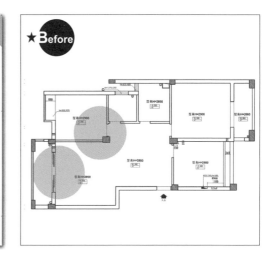

★Before

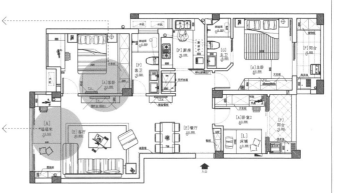

★After

将卧室门改变方向，原有面向客厅的隔墙作为现在卧室的入口，有效采撷了来自客厅阳台的光线。

将阳台与客厅之间的半隔墙拆除，原有阳台改造为榻榻米，令光线蔓延居室的同时，也增加了原有空间的休闲、储物功能。

1
无阻隔设计令阳光贯通全室

将阳台与客厅之间原有的隔墙拆除之后，做了阳台榻榻米，既具备了休闲功能，又不会阻碍光线，令阳光可以从阳台贯穿到客厅，再到餐厅，整个居室在视觉上十分通透，也形成了更加宽敞的空间感。

2
常规家具满足客厅基本功能

客厅家具布置仅选用了造型简洁的沙发、茶几和电视柜，这种简化装修的手法，与简约风格的装修理念相符，既令客厅不再拥挤，也避免了家具过剩产生的资金浪费；而茶镜的选用，在装点空间的同时，也起到放大居室面积的作用。

❶

❷

3 木纹砖墙面令餐厅更具质感

餐厅一侧墙面采用树干纹样的壁纸做装饰，另一侧墙面则采用与客厅一体的木纹砖铺贴，与木纹餐桌搭配协调，也令餐厅呈现出质朴感。另外，木纹砖的运用，既满足了居室对风格的塑造，花费上又比木纹饰面板便宜。

4 变换家具造型，为卧室换新颜

主卧室中的家具延续了客厅简洁的基调，干净的色彩有效提升了空间亮度。如果觉得家具线条过于生硬，可以考虑圆形边几，柔润的线条与壁纸图案及收纳柜造型都搭配相宜。

❸

❹

5 衣柜柜门可以考虑茶镜装饰

客卧中的衣柜柜门采用了板式拉门，在色彩与图案上与整体家居风格相吻合。如果想令空间显得更加通透，可以考虑在柜门上粘贴茶镜装饰，起到扩大空间的作用，花费上也十分节省。

6 规划合理，小空间也能承载多重功能

次卧室的面积不大，却具有超强的功能性，集合储物、办公及休憩功能。大衣柜与书桌、书架位于一侧，在材质与色彩上协调统一，给人以整洁的视觉观感。另一侧摆放了一张沙发床，既不占用空间，又同时具备坐卧功能。

❺

❻

7 推拉玻璃门显通透，同时方便清洁

如厕区和沐浴区之间用推拉玻璃门做分隔，有效做到干湿分离，同时丝毫不会妨碍卫浴小空间的通透性；也可以将玻璃推拉门用玻璃半隔断来替代，同样不会影响采光。

Value 装修预算表

项目	工程量	单价（元）	合价（元）
客餐厅			合计：24109
地面瓷砖	39平方米	165	6435
木地板地台	6平方米	400	2400
墙面木纹砖	15平方米	265	3975
墙面金镜	2平方米	155	310
墙面壁纸	8平方米	58	464
墙顶面乳胶漆	98平方米	40	3800
石膏板吊顶	15平方米	145	2175
入户鞋柜	4平方米	650	2600
阳台储物柜	3平方米	650	1950
主卧室			合计：15441
实木地板	13平方米	336	4368
地面瓷砖	5平方米	125	625
墙顶面乳胶漆	38平方米	40	1520
墙面壁纸	11平方米	58	638
定制衣柜	5平方米	650	3250
阳台储物柜	3平方米	650	1950
玻璃推拉门	4平方米	360	1440
套装门	1樘	1650	1650

续表

项目	工程量	单价（元）	合价（元）
次卧室			合计：11644
实木地板	9平方米	336	3024
墙顶面乳胶漆	23平方米	40	920
定制衣柜	7平方米	650	4550
飘窗书桌	1项	1500	1500
套装门	1樘	1650	1650
客卧			合计：11477
实木地板	7平方米	336	2352
地面瓷砖	3平方米	125	375
墙顶面乳胶漆	26平方米	40	1040
定制衣柜	4平方米	650	2600
定制书桌	1项	1300	1300
玻璃推拉门	6平方米	360	2160
套装门	1樘	1650	1650
厨房			合计：11704
地面瓷砖	7平方米	165	1155
墙面瓷砖	10平方米	165	1650
集成吊顶	7平方米	110	770
定制橱柜	5平方米	1350	6750
不锈钢洗菜槽	1个	299	299
玻璃移门	3平方米	360	1080
主卫			合计：4680
地面瓷砖	3平方米	165	495
墙面瓷砖	5平方米	165	825
墙面花纹瓷砖	1平方米	300	300
集成吊顶	3平方米	110	330
定制淋浴房	3平方米	550	1650
玻璃移门	3平方米	360	1080
客卫			合计：5830
地面瓷砖	5平方米	165	825
墙面瓷砖	7平方米	165	1155
集成吊顶	5平方米	110	550
定制淋浴房	3平方米	550	1650
套装门	1樘	1650	1650
墙体改造			合计：3070
墙体拆除	11平方米	90	990
墙体砌筑	13平方米	160	2080
			装修总预算：87955

通透材料运用+功能空间调整
形成开敞式宜居环境

　　原有空间无论是格局，还是设计均给人以方正的感觉，缺乏变化的新意。改造后的空间，充分展现出开放式特点，包括开放式厨房、工作室和通透的卫浴设计，并且在白色调的主导下充分实现空间的开敞化。为了避免白色产生的单调感，用了黑色和灰色来做层次，既不会破坏整体的简约感，又令空间显得品质十足。

🖊 户型档案馆

户型格局

客厅、餐厅、厨房、主卧、客卧、工作室、主卫、客卫

主材列表

客、餐厅及工作室：黑色玻化砖、灰色亚光砖、黑镜、石膏板、乳胶漆、钢化玻璃

主、客卧室：乳胶漆、石膏板、黑镜、条纹地毯

主、客卫浴间：黑色玻化砖、灰色亚光砖、钢化玻璃、黑白拼色马赛克、黑镜

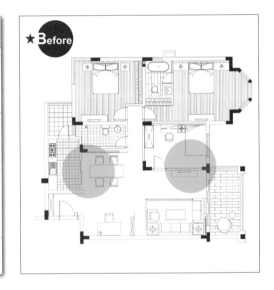
★Before

★After

　　将原有客房隔墙去掉，改造成旋转门，使电视可以根据需要旋转。客房改成开放式工作室，体现出SOHO的生活方式。

　　将厨房的隔墙和推拉门去掉，改成开敞式的厨房，将餐厅移到沙发一侧，原有餐厅变身为时尚吧台。

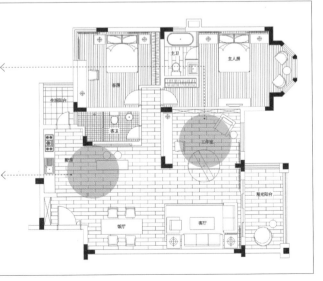

Design
设计关键点

1 空间大挪移，使居室整体性更强

将餐厅挪移到沙发的一侧，餐桌与座椅在形态及色彩上均与沙发空间相协调，使整个空间更显整体性。同时，挪移后的餐厅与厨房之间的距离依然较近，方便日常上菜等生活功能。

2 旋转式电视隔墙尽显创意

将两个空间之间的隔墙打通，改为可旋转式的隔断，并安装电视，根据不同的需要可以随时更换角度，使在开敞的空间都能够看到电视，实现了空间的开敞化。

3 开阔性空间给人视觉上的通透感

拆除原有隔墙,将厨房做开敞化处理,增强了视觉的开阔性。原有搁置餐桌的地方改造为时尚吧台,增加了空间的实用功能,也令现有空间呈现出强烈的设计感。

4 延续主空间的设计手法令空间更显宽敞

工作室的地面与公共空间一样,采用了灰色和黑色相间的条纹样式,这样的方式更具动感,能够延伸视觉上的宽度,使空间显得更为宽敞,同时给人严谨、有效的感觉。

5 玻璃隔断充分体现整体空间的设计精髓

　　主卧室的设计围绕着公共空间的整体氛围进行，首先是开放性的改造，卫浴间隔墙改为通透的玻璃隔断，具有开放、张扬的特征。床头墙用石膏板和黑色烤漆玻璃重新塑造，使卧室与外界在色彩及材质上相呼应，整体更加统一。

6 极简化次卧室，利用少量装饰体现人文精神

　　次卧室设计呈现极简化，为了体现差异，将黑色烤漆玻璃放置到了侧墙上，床头部分全部采用白墙。地面与主卧室呼应，采用条纹地毯。装饰上增加了少量的饰品来体现人文精神。色彩仍然重复主旋律，以黑、白、灰为主色调，灰色的不同层次的搭配调节了整体氛围。

❺ **❻**

7 黑白拼色马赛克从视觉上加大卫浴进深

客卫重新改造，马桶后的墙面改装黑色烤漆玻璃，与主体风格呼应的同时还能起到开阔空间的作用。顶面、其他墙面、地面全部采用黑白拼色马赛克，分布成条形进行粘贴，从视觉上加大了卫浴间的开间和进深。

Value 装修预算表

项目	工程量	单价（元）	合价（元）
客餐厅、工作室及厨房			合计：55150
地面瓷砖	58平方米	220	12760
墙顶面乳胶漆	145平方米	40	5800
石膏板吊顶	48平方米	145	6960
定制可旋转镶黑镜电视墙	1项	8500	8500
沙发背景墙造型	16平方米	185	2960
工作室书柜	5平方米	650	3250
工作室书桌	1项	1500	1500
工作室墙面黑镜	4平方米	155	620
定制橱柜	2米	1550	3100
厨房不锈钢墙面	3平方米	190	570
大理石吧台	1项	2000	2000
吧台背景墙	1项	2680	2680
入户玻璃隔断	1项	1850	1850
入户鞋柜	4平方米	650	2600
主卧室			合计：9985
条纹地毯	21平方米	55	1155
墙顶面乳胶漆	53平方米	40	2120

续表

项目	工程量	单价（元）	合价（元）
石膏板吊顶	5平方米	145	725
床头背景墙黑镜	7平方米	155	1085
定制衣柜	5平方米	650	3250
套装门	1樘	1650	1650
客卧			合计：12790
条纹地毯	16平方米	55	880
墙顶面乳胶漆	40平方米	40	1600
石膏板吊顶	18平方米	145	2610
定制书桌	1项	1500	1500
定制衣柜	7平方米	650	4550
套装门	1樘	1650	1650
主卫			合计：7815
地面瓷砖	3平方米	220	660
墙面瓷砖	11平方米	220	2420
防水石膏板吊顶	3平方米	165	495
砌筑浴缸	1项	3120	3120
玻璃开门	4平方米	280	1120
客卫			合计：11234
地面马赛克	5平方米	346	1730
墙面马赛克	9平方米	346	3114
顶面马赛克	5平方米	346	1730
石膏板吊顶	5平方米	165	825
墙面黑镜	7平方米	155	1085
定制淋浴房	2平方米	550	1100
套装门	1樘	1650	1650
观光阳台及生活阳台			合计：7515
地面瓷砖	6平方米	220	1320
墙面瓷砖	13平方米	165	2145
顶面乳胶漆	6平方米	40	240
玻璃推拉门	6平方米	360	2160
套装门	1樘	1650	1650
墙体改造			合计：5030
墙体拆除	15平方米	90	1350
墙体砌筑	23平方米	160	3680
		装修总预算：109519	

有效合并相邻空间+全玻门替代平开门
小屋瞬间变大宅

　　原有户型的面积不大，各个空间都略显拥挤，特别是餐厅和厨房部分。因此，在改造时去掉了餐厅和厨房中间的隔墙，使两个空间成为一体，并用全玻璃的推拉门代替了平开门，让公共区域看上去更加宽敞、舒适。另外，将空间主调定为黑加白来体现时尚感，墙面不采用明显的造型，塑造极简风格。

🖊 户型档案馆

户型格局

客厅、餐厅、厨房、主卧、次卧、书房、主卫、客卫

主材列表

客厅及过道：乳胶漆、石膏板、强化木地板、木纹装饰面板

餐厅及厨房：乳胶漆、石膏板、马赛克、强化木地板、玻璃

主、次卧室及书房：乳胶漆、石膏板、强化木地板、细木工板、壁纸

主、客卫浴间：集成铝扣板、马赛克、墙砖、地砖

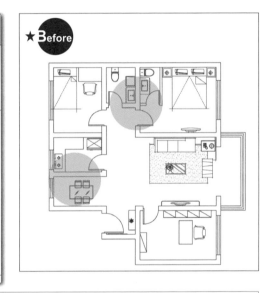

★Before

★After

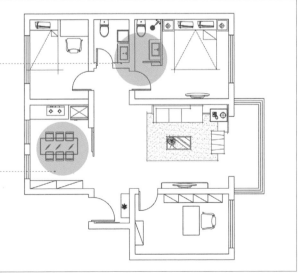

　　主卫的隔墙换成透明玻璃隔断，平开门改成了推拉门，使原本拥挤的卧室变得开阔，同时增加了空间情趣。

　　将厨房与餐厅之间的隔墙砸掉，使原本显得拥挤的空间变成一个宽敞的空间。另外，为了增加室内采光并隔离油烟，将平开门换成了大扇的全玻璃推拉门。

1 棕色搭配中性色成就简约而不乏温馨的居室

客厅以黑色沙发搭配白色墙面，为了避免空间过于单调和冷硬，地面采用了棕色的地板来增添温馨感，所有家具的选择也都围绕着与地面呼应而进行。

2 巧用拉门与墙面融为一体

由于书房门开在电视背景墙的一侧，如果处理不好很容易令空间显得缺乏整体性。设计中，巧妙地将书房门包含在墙面中，使其成为电视背景墙的一部分。并在白色拉门上手绘黑色书法，既美观，又隐喻了内部空间的功能性。

3 少而精的饰品令空间极具韵味

整体空间不论在色彩还是家具造型上，均十分简洁。室内的饰品也极少，但选择却十分用心。沙发靠背上的金属装饰及落地放置的抽象无框画，令空间凸显出现代风尚；最让人眼前一亮的是投影时钟的设计，极具创意性。

4 全玻门营造出开阔而通透的室内环境

透明的全玻门既不会影响居室的通透性，又可以有效地阻隔油烟蔓延到室内，可谓十分实用。如果追求时尚感，也可以将透明玻璃用花纹玻璃替代，但需要注意的是花纹应以简洁为主，不可繁乱。

❸
❹

5 餐厨一体化令日常生活更便捷

将原有厨房与餐厅之间的隔墙拆除，令餐厨共处一室，不仅有效解决了原有两个空间均狭小的问题，而且缩短了相联功能空间的动线，方便了日常的家居生活。

❺
❻

6 散溢墨香的书房凸显出浓郁的功能气质

书房设计延续了整体大空间的风格，书房门与报纸装饰墙散发出浓郁的墨香，与功能空间的气质相符。书柜与书桌相联，节约了空间；也可以考虑将其替换成一体式书桌柜，使之更具有整体性。

7 小体量瓷砖可以有效改善小面积空间

由于客卫的面积不大，在瓷砖的选择上采用了小体量的通体砖，可以在视觉上有效放大空间面积；同时加入黑色马赛克装饰，形成色彩上的对比，令空间更具层次感。

Value 装修预算表

项目	工程量	单价（元）	合价（元）
客厅、过道及玄关			合计：21295
实木地板	26平方米	368	9568
石膏板吊顶	26平方米	145	3770
墙顶面乳胶漆	91平方米	40	3640
电视背景墙	1项	1250	1250
定制电视柜	1项	2100	2100
玄关墙面深色壁纸	4平方米	58	232
不锈钢踢脚线	35米	21	735
餐厅及厨房			合计：17747
实木地板	12平方米	368	4416
石膏板吊顶	12平方米	145	1740
墙顶面乳胶漆	32平方米	40	1280
墙面马赛克	2平方米	336	672
橱柜	2平方米	1550	3100
储物柜	7平方米	650	4550
大扇玻璃移门	5平方米	360	1800
不锈钢踢脚线	9米	21	189
主卧室			合计：11100
实木地板	13平方米	368	4784

续表

项目	工程量	单价（元）	合价（元）
墙顶面乳胶漆	46平方米	40	1840
石膏板吊顶	6平方米	145	870
床头背景造型	1项	950	950
大理石窗台板	2延米	185	370
不锈钢踢脚线	16米	21	336
套装门	1樘	1850	1850
次卧室			合计：9089
实木地板	9平方米	368	3312
墙顶面乳胶漆	32平方米	40	1280
石膏板吊顶	5平方米	145	725
定制书桌	1项	1300	1300
大理石窗台板	2延米	185	370
不锈钢踢脚线	12米	21	252
套装门	1樘	1850	1850
书房			合计：12744
实木地板	10平方米	368	3680
墙顶面乳胶漆	35平方米	40	1400
石膏板吊顶	10平方米	145	1450
墙面造型	1项	1100	1100
定制书柜	4平方米	650	2600
大理石窗台板	2延米	185	370
不锈钢踢脚线	14米	21	294
定制套装门	1樘	1850	1850
主卫			合计：2920
地面瓷砖	2平方米	165	330
墙面瓷砖	10平方米	165	1650
集成吊顶	2平方米	110	220
单扇推拉门	2平方米	360	720
客卫			合计：4490
地面瓷砖	3平方米	165	495
墙面瓷砖	11平方米	165	1815
集成吊顶	3平方米	110	330
套装门	1樘	1850	1850
墙体改造			合计：2890
墙体拆除	9平方米	90	810
墙体砌筑	13平方米	160	2080
			装修总预算：82275

087

合理拆除轻体墙+增加柜体收纳
格局好用又规整

　　原有户型房间虽然较多，但大多并不实用。尤其是主卧格局，为不规则形状，利用率较低；另外，隔墙较多致使空间面积狭小，使用起来略显局促。改造后的空间令主卧室形成规则的长方形，方便使用；另外将两个面积较小空间的隔墙拆除，形成一个面积充裕的儿童房。同时，以白色与木色为主色调，令整个空间显得既干净，又温馨。

🖊 户型档案馆

户型格局

客厅、餐厅、厨房、主卧、儿童房、书房、主卫、客卫

主材列表

玄关、客厅、餐厅：海岛型木地板、造型线板、银狐大理石、乳胶漆

主卧、儿童房、书房：海岛型木地板、乳胶漆、石膏板、装饰线板

厨房、主卫、客卫：釉面砖、抛光砖、集成吊顶

★Before

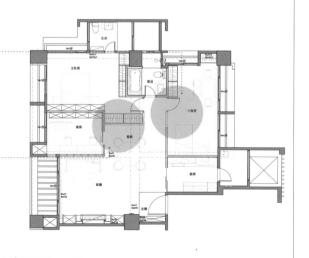

★After

　　把原本两个狭小空间之间的隔墙拆除，形成一个面积充裕的空间来作为儿童房，令孩子既有休憩空间，又有娱乐空间。

　　将原有房间中的一面隔墙拆除，改变入口方向，并将一侧墙面补平，制作收纳柜，既增加了储物功能，又令格局变得方正；同时，还打造出一个面积充裕的用餐空间。

Design
设计关键点

1 嵌入式柜体增加居室的储物功能

在玄关处设计了一处嵌入式柜体，增加了居室的储物功能，柜体下部还留出了换鞋时鞋子存放的位置，令进门处的空间也不显凌乱。空间的整体色彩十分干净、温馨，使人从一进门开始就拥有了轻松的心情。

2 改变空间氛围可以从更换抱枕入手

客厅中的家具造型较为简洁，给人以轻松的视觉观感；如果想改变空间氛围，可以从更换抱枕入手，如将现有的花纹抱枕替换成白色与木色搭配的纯色抱枕，与空间色彩更加融合；也可以替换成几何花纹的抱枕，则令空间具有了创意时代感。

❶
❷

3

更改门的开启方向，成就开放式用餐空间

将现有主卧室的门改变开启方向，原有门的一侧墙面砌平，挂上大幅装饰画，轻易塑造出一个视觉焦点。改造后的格局避免了空间浪费，令开放式的餐厅拥有了充裕的用餐空间及摆放餐边柜的位置。

4

合理规划成就光线十足的好用书房

书房的面积虽然不大，但由于规划合理，使用起来十分舒服。书桌椅的一侧打造了一个开敞式的大窗户，与客厅互通，也形成了光源共享；另一侧墙面摆放书柜及钢琴，丝毫没有浪费使用空间。

③
④

5 精致家具与功能家具互融，打造高品质的实用主卧室

主卧室没有做背景墙，而是打造了整面墙的收纳柜，增加储物功能，特有的线条还极具装饰性。此外，卧室中的家具不多，但造型精巧的床头柜就足以显现出空间的高品质。

❺

❻

6 利用色彩变化及手绘墙成就唯美儿童房

儿童房设计沿用了整体空间简洁的设计手法，仅仅是改变了墙面颜色，就显现出一个满溢唯美气息的空间。灯笼风铃的手绘墙充满灵动性，也成为空间设计的点睛之笔；另外，手绘墙还具有易于更换的优点，美观而实用。

7 黑白色对比使卫浴充满了视觉变化

黑白相间的卫浴一改整体空间清雅的调性，强烈的色彩对比极具视觉冲击力，也为家居空间带来变化性。材质方面，无论是玻璃隔断、带有光泽度的釉面砖，还是烤漆浴柜，都与整体空间追求高亮度的需要相吻合。

Value 装修预算表

项目	工程量	单价（元）	合价（元）
客餐厅			合计：29159
实木地板	30平方米	368	11040
地面大理石	2平方米	350	700
石膏板吊顶	30平方米	145	4350
墙顶面乳胶漆	114平方米	40	4560
电视背景墙木作	1项	2000	2000
电视背景墙大理石	3平方米	750	2250
入户鞋柜	4平方米	650	2600
筒灯	13个	68	884
灯带	31米	25	775
主卧室			合计：21570
实木地板	20平方米	368	7360
墙顶面乳胶漆	70平方米	40	2800
石膏板吊顶	18平方米	145	2610
床头背景墙	1项	1850	1850
定制衣柜	8平方米	650	5200
套装门	1樘	1750	1750
儿童房			合计：17218
实木地板	21平方米	368	7728
顶面乳胶漆	21平方米	40	840
墙面淡粉乳胶漆	52平方米	45	2340

续表

项目	工程量	单价（元）	合价（元）
石膏板吊顶	18平方米	145	2610
定制衣柜	3平方米	650	1950
套装门	1樘	1750	1750
书房			合计：14537
实木地板	9平方米	368	3312
墙顶面乳胶漆	32平方米	40	1280
石膏板吊顶	9平方米	145	1305
定制书桌	1项	1900	1900
定制书柜	5平方米	650	3250
定制百叶窗	1项	2150	2150
单扇推拉门	2平方米	670	1340
厨房			合计：12600
地面瓷砖	3平方米	210	630
墙面瓷砖	8平方米	210	1680
集成吊顶	3平方米	110	330
橱柜	4米	1550	6200
推拉门	3平方米	670	2010
套装门	1樘	1750	1750
主卫			合计：4090
地面瓷砖	3平方米	210	630
墙面瓷砖	8平方米	210	1680
集成吊顶	3平方米	110	330
套装门	1樘	1750	1750
客卫			合计：13740
地面瓷砖	6平方米	210	1260
墙面瓷砖	15平方米	210	3150
集成吊顶	6平方米	110	660
定制淋浴房	3平方米	550	1650
定制洗手台	1项	2150	2150
砌筑浴缸	1项	3120	3120
套装门	1樘	1750	1750
墙体改造			合计：3870
墙体拆除	11平方米	90	990
墙体砌筑	18平方米	160	2880
		装修总预算：116784	

开放式架柜有效遮挡+轻体墙分隔
打造私密性极强的功能家居

　　原有户型方正而规整，没有大的格局问题。但由于业主对于家居空间所具备的功能要求较多，不仅要保留三间卧室，还要拥有一个独立书房。因此，在改造时利用入户大开间面积较大的优势，用轻体墙分隔空间，形成独立客厅与书房；并在入口处设计了一个开放式架柜，不仅有效遮挡了空间隐私，而且还具备储物、装饰功能。

✎ 户型档案馆

户型格局

客厅、餐厅、厨房、主卧、客卧、儿童房、书房、主卫、客卫

主材列表

玄关、客厅、餐厅：实木复合地板、烤漆玻璃、石膏板、乳胶漆、装饰线板、黑镜

主卧、客卧、儿童房、书房：实木复合地板、乳胶漆、石膏板

厨房、主卫、客卫：实木复合地板、集成吊顶、釉面砖

★Before

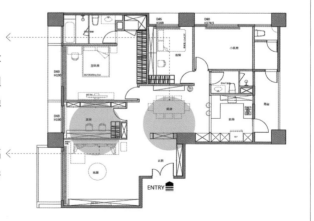

★After

　　原始空间进门便是一个大开间，没有任何遮挡，致使空间的私密性不高；改造时加了入户玄关，并用一组开放式架柜作为分隔，有效避免了隐私暴露的问题。

　　在原有空间中设计了一面轻质隔墙，将一个大空间分隔成客厅、书房两个空间，有效利用了空间面积。

Design
设计关键点

1 开放式架柜集分隔、展示、储物功能为一体

在入户门正对2米左右的位置设计了一个开放式架柜，令人进门就有一个视觉焦点的同时，也有效避免了餐厅隐私外泄的弊端。同时镂空式与实柜式的结合设计，既能将工艺品展示，又能有效收纳一些零碎物件，可谓集美观与实用为一体。

❶
❷

2 黑镜推拉门令收纳柜的展示与遮蔽更加灵活

利用客厅一侧墙面打造出整面墙的储物柜，令空间具有了强大的收纳功能。另外，黑镜装饰的推拉门十分灵活，可以根据需要将收纳柜的不同空间进行展示或遮蔽。

3

布艺沙发搭配板式家具成就简洁家居氛围

简洁的布艺沙发极具舒适性，搭配圆润造型的板式茶几，整个空间呈现出素洁、雅致的氛围。如果想令空间再多增加一些储物功能，可以将茶几更换为带有抽屉或上下分层的类型。

4

嵌入式架柜与玄关柜呼应，令空间整体性更强

❸
❹

书房一侧墙面制作了一个内嵌式架柜，既不占用空间，又具备装饰功能；同时与玄关柜形成设计上的呼应，令空间的整体性更强。

5 餐厅与厨房相邻，带来便利性家居动线

开放式厨房的一侧台面设计成吧台，提升空间品质的同时，也拥有备餐功能；临近的餐厅用色沉稳，带来安心的就餐环境。厨房与餐厅相邻的设计，符合家居动线，上餐、收拾均十分便捷。

❺
─────
❻

6 部分镂空式架柜不会影响光线贯穿

开放式玄关柜有效分隔了空间，避免客人来临时，看到家人就餐的尴尬；同时，部分的镂空式设计，丝毫不影响客厅光线的穿透。

7

嵌入式衣柜是家居中最强大的收纳场所

大面积的嵌入式衣柜是家居中最大的收纳场所，可以将家中的衣物合理分类，便于拿取。临近衣柜处摆放了一个枝状衣架，既可以放置当天所穿的衣帽，同时也具备了装饰效果。

8

一物多用的装饰柜满足生活多重功能

利用床尾的空余空间摆放装饰柜，既有储物功能，又为电视找到了搁置处，方便居住者平时躺着床上看电视；同时，装饰柜上还可以摆放鲜花、绿植，营造出清新的居住环境。

❼

❽

9 一体式床头、书柜，简洁中充满设计感

一体式床头与书柜，整体性更强，也不会占用过多空间，同时还具备展示功能。与之搭配的壁柜设计，为空间带来了不小的储物功能；与书桌之间的留白设计，则令空间不显压抑。

❾

❿

10 封闭式书柜有效规避了空间凌乱感

利用入户开间分隔出的书房，虽然面积不大，但储物功能不小。由于面积的限制，将书柜设计成封闭式，有效避免了开放式书架带来的凌乱感，整个书房延续了主空间简洁的设计手法。

11 小面积跳脱色彩令 儿童房更具童趣

儿童房大面积色彩遵循了大空间追求素雅的基调，但在一侧墙面上绘制了卡通图案，令空间充满了童趣；依墙放置的玩具，方便了日常拿取，丰富的色彩也极具装饰性。

Value 装修预算表

项目	工程量	单价（元）	合价（元）
客厅及玄关			合计：30560
实木地板	18平方米	380	6840
石膏板吊顶	20平方米	145	2900
墙顶面乳胶漆	63平方米	40	2520
电视背景墙	1项	12500	12500
入户鞋柜	5平方米	650	3250
玄关储物柜	3平方米	850	2550
餐厅			合计：11380
实木地板	12平方米	380	4560
石膏板吊顶	12平方米	145	1740
墙顶面乳胶漆	42平方米	40	1680
餐边柜	4平方米	850	3400
主卧室			合计：18090
实木地板	16平方米	380	6080
墙顶面乳胶漆	56平方米	40	2240
石膏板吊顶	16平方米	145	2320
定制衣柜	8平方米	650	5200
套装门	1樘	2250	2250
儿童房			合计：8465
实木地板	10平方米	380	3800
墙顶面乳胶漆	35平方米	40	1400

项目	工程量	单价（元）	合价（元）
石膏板吊顶	7平方米	145	1015
套装门	1樘	2250	2250
客卧			合计：12775
实木地板	10平方米	380	3800
墙顶面乳胶漆	33平方米	40	1320
石膏板吊顶	9平方米	145	1305
定制书桌	1项	1500	1500
定制衣柜	4平方米	650	2600
套装门	1樘	2250	2250
书房			合计：12275
实木地板	7平方米	380	2660
墙顶面乳胶漆	25平方米	40	1000
石膏板吊顶	7平方米	145	1015
定制书桌	1项	2100	2100
定制书柜	5平方米	650	3250
套装门	1樘	2250	2250
厨房及阳台			合计：15275
实木地板	6平方米	380	2280
地面瓷砖	6平方米	165	990
墙面瓷砖	13平方米	165	2145
石膏板吊顶	8平方米	145	1160
橱柜	3米	1550	4650
大理石吧台	1项	1800	1800
套装门	1樘	2250	2250
主卫			合计：7420
地面瓷砖	5平方米	220	1100
墙面瓷砖	9平方米	220	1980
集成吊顶	4平方米	110	440
定制淋浴房	3平方米	550	1650
套装门	1樘	2250	2250
客卫			合计：6650
地面瓷砖	4平方米	220	880
墙面瓷砖	9平方米	220	1980
集成吊顶	4平方米	110	440
定制淋浴房	2平方米	550	1100
套装门	1樘	2250	2250
墙体改造			合计：1280
墙体砌筑	8平方米	160	1280
			装修总预算：124170

拆隔墙形成一体餐厨+狭长空间变身衣帽间
全效利用空间面积

　　原有户型中的隔墙较多，而业主又希望拥有通透的空间氛围。因此，在改造时，将不必要的隔墙全面拆除，形成了开放式的一体式餐厨，令空间更为通透的同时，也方便了日常备餐、上菜；同时利用主卧室中的狭长地带，外移墙体改造成一个嵌入式的衣帽间，使之成为家居中最有效的储物空间。

✏ 户型档案馆

户型格局

客厅、一体式餐厨、主卧、次卧、多功能室、衣帽间、主卫、客卫

主材列表

玄关、客厅：强化复合地板、乳胶漆、石膏板、硅藻泥

餐厅、厨房：釉面砖、石膏板、乳胶漆、榉木饰面板

主卧、次卧、衣帽间、多功能室：强化复合地板、榉木饰面板、乳胶漆

主卫、客卫：釉面砖、仿古砖、钢化玻璃、集成吊顶

★Before

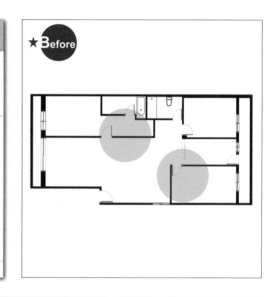

★After

　　原有户型中的狭长空间不好利用，改造时将隔墙拆除，打造成一个嵌入式衣帽间，合理利用空间的同时，大面积的储物柜也增加了空间的收纳功能。

　　拆除原有空间的两面隔墙，不仅形成了一个开放式厨餐厅；同时，令现有客厅的面积变大，形成了更为规整、实用的空间格局。

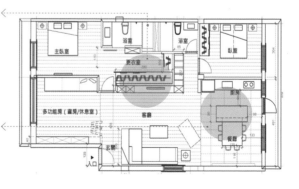

Design 设计关键点

1 折叠门有效分隔相邻空间，又不影响采光

将玄关右侧的空间打造成一个多功能室，宽敞的空间既可以作为健身房，也可以作为家中孩子的玩乐场所，同时摆放上座椅就成为了书房。多功能室与玄关之间，运用钢化玻璃与人造板结合而成的折叠门进行分隔，具有较强的通透性，也丝毫不会影响到玄关的采光。

2 带有分格的收纳柜避免了空间的沉闷感

在多功能室的一侧墙面打造一个嵌入式柜体，不会占用过多空间，也对家中的物品进行了有效收纳；同时，柜体不做全封闭处理，而是制作了一些分格，既可以摆放工艺品，也不会令空间显得过于沉闷。

3

一体式电视收纳柜形成了整洁的空间氛围

硅藻泥打造的电视墙具有环保性，特殊的纹理也极具艺术效果；电视柜与两侧的大衣柜相连，具有强大收纳功能的同时，也令空间的整体性更强，形成了整洁的室内氛围。

4

极简沙发区易于平时的日常清洁

客厅沙发区的设计简洁，不仅没有摆放茶几、铺设地毯，而且沙发、边几均选用了极简的造型，令整体空间显得干净而整洁，同时也易于平时的打扫。

③

④

5 通透而开敞的一体式餐厨兼具美观性与实用性

一体式餐厨整体性更强，令家中的空间丝毫没有浪费，同时也形成了通透而开敞的格局；另外，餐桌区不仅可以作为平时的用餐场所，也可以作为临时的工作台，十分实用。

⑤
⑥

6 整洁而具有强大收纳功能的厨房空间

利用墙体制作了C形整体橱柜，形成了较大的厨房储物空间，同时预留出冰箱的摆放位置，形成良好的厨房动线；灶台上部的空间也丝毫没有浪费，设计了挂钩，将平时常用的厨房小物悬挂在此，好用又整洁。

105

7 小体量家具令卧室功能具有可变性

主卧室家具延续了客厅主空间简洁的风格，体量较小不会占用过多空间；同时，在角落处摆放一个单人沙发，使空间具有了一定的休闲功能；如果想要空间具备会客功能，则可以将单人沙发换成简洁的双人或三人沙发。

8 嵌入式衣帽间为日常生活提供了极大的便利性

利用主卧室中原有的狭长地带设计了一个嵌入式衣帽间，合理利用空间的同时，也令家中的衣物有了专门的存放之处，既方便归类，又便于拿取，为生活提供了极大的便利性。

❼
❽

9 大块与小块釉面砖结合使用，丰富了空间层次

主卫运用仿古色的釉面砖进行墙面与地面的铺贴，形成了较为沉稳的空间氛围；为了避免空间过于单调，在墙面运用大块釉面砖，在地面运用小面积釉面砖，形成了视觉上的对比，丰富了空间层次。

10 运用干净色彩与简洁造型家具规避小卧室的拥挤感

由于次卧室的面积不大，因此运用干净的色调来起到视觉扩展空间的作用；同时，家具的选用也十分简洁，符合小面积空间的诉求，不会造成拥挤感。

9
10

11 分区合理的客卫既整洁又方便使用

客卫在色彩上较之主卫更加明亮，洗漱区、如厕区、沐浴区的分区合理，使用便捷；利用钢化玻璃对如厕区与沐浴区进行干湿分离的同时，也丝毫不会影响整体空间的通透性。

Value 装修预算表

项目	工程量	单价（元）	合价（元）
客厅及多功能室			合计：43792
实木地板	32平方米	420	13440
石膏板吊顶	32平方米	145	4640
墙顶面乳胶漆	112平方米	40	4480
电视背景墙柜体	5平方米	850	4250
电视背景墙硅藻泥	4平方米	220	880
入户鞋柜	5平方米	650	3250
过道储物柜	5平方米	650	3250
多功能室储物柜	7平方米	650	4550
折叠推拉门	5平方米	750	3750
筒灯	14个	68	952
灯带	14米	25	350
餐厅及厨房			合计：14729
地面瓷砖	11平方米	260	2860
墙面瓷砖	14平方米	260	3640
石膏板吊顶	11平方米	145	1595
墙顶面乳胶漆	21平方米	40	840
橱柜	2米	1550	3100

续表

项目	工程量	单价（元）	合价（元）
吧台	1项	1950	1950
筒灯	8个	68	544
灯带	8米	25	200
主卧室			合计：17541
实木地板	16平方米	420	6720
墙顶面乳胶漆	56平方米	40	2240
石膏板吊顶	14平方米	145	2030
定制衣柜	6平方米	650	3900
筒灯	7个	68	476
灯带	9米	25	225
套装门	1樘	1950	1950
次卧室			合计：12833
实木地板	11平方米	420	4620
墙顶面乳胶漆	39平方米	40	1560
石膏板吊顶	6平方米	145	870
定制衣柜	5平方米	650	3250
筒灯	6个	68	408
灯带	7米	25	175
套装门	1樘	1950	1950
主卫			合计：11030
地面瓷砖	4平方米	185	740
墙面瓷砖	8平方米	185	1480
集成吊顶	4平方米	110	440
定制洗手台	1项	1650	1650
定制淋浴房	3平方米	550	1650
砌筑浴缸	1项	3120	3120
套装门	1樘	1950	1950
客卫			合计：5415
地面瓷砖	3平方米	185	555
墙面瓷砖	8平方米	185	1480
集成吊顶	3平方米	110	330
定制淋浴房	2平方米	550	1100
套装门	1樘	1950	1950
墙体改造			合计：4230
墙体拆除	15平方米	90	1350
墙体砌筑	18平方米	160	2880

装修总预算：109570

全面打通功能区域+改变卫浴门形态
造就无尖角的通透空间

原始户型为复式，一楼的阳台占用了很多空间的同时，还令客厅显得又小又黑；在改造时，只保留了卫生间的隔墙，打通了厨房、客厅、阳台三个空间的隔墙，令人从入户起就能看到整个空间的全景，形成非常开阔的视野。二楼在改造时，同样拆除了不必要的隔墙，增加了功能性隔墙来区分出主卧室和儿童房空间，令空间的使用率最大化。

🖊 户型档案馆

户型格局

客厅、一体式餐厨、主卧、儿童房、卫浴

主材列表

玄关、客厅、楼梯：水泥地面、砖墙、马赛克瓷砖、乳胶漆、石膏板

餐厅、厨房：水泥地面、釉面花砖、人造板、砖墙

主卧、儿童房：实木复合地板、石膏板、人造板、乳胶漆、砖墙、釉面砖、细砂

卫浴：釉面砖、通体砖、桑拿板

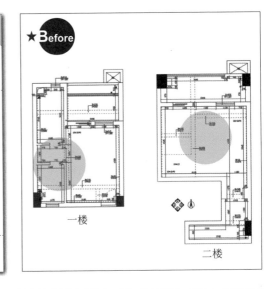

★Before

一楼

二楼

★After

二楼全部规划为休憩区，并将一个大开间运用轻体墙分隔为主卧室和儿童房两个区域，充分合理地运用了空间。

原有一楼的分隔墙过多，造成了很多的狭长空间，不利于使用。改造后将隔墙全部拆除，只保留卫浴间的一面隔墙，并将卫浴门改造成弧形，避免了尖角空间带来的锐利感。

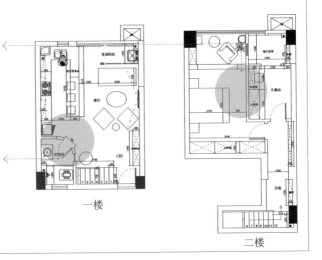

一楼

二楼

Design
设计关键点

1 围合沙发区增进家人与朋友间的交流与互动

沙发背后原本是一个小阳台，现在改造成晾晒区，顶部定制的黑色铁管既是装饰，又可以作为晾衣杆使用，集美观与实用为一体。沙发区设计为围合布局，增进了家人与朋友间的交流与互动。

❶

❷

2 水泥地面+马赛克拼图，形成新奇、有趣的视觉空间

一楼空间的地面全部采用水泥地，自然斑驳的纹路带有一点复古感，呈现出瓷砖及地板完全不可替代的新奇效果。楼梯侧面采用了定制马赛克拼图，形成十分有趣的视觉效果。

3 点滴细节设计令居住者生活更舒适

全开敞式的厨餐厅，用吧台取代了传统餐桌，展现出业主随性而为的生活态度；虽然业主在家开火频率不高，但还是在吊顶上单独加了两个换气扇，有效避免了油烟；靠近卫浴一侧的楼梯下方做了收纳柜，摆放上五颜六色的收纳盒，与厨房墙面花砖形成色彩上的互融。

4 弧形门替代直角墙面，成就舒适、圆润的空间

原始户型中的卫浴门开在靠近厨房的一侧，直角墙面产生的尖锐感与压迫感，容易令人不适；改造时干脆将其打掉做成弧形门，空间显得舒适、圆润的同时，也并没有缩小太多卫浴面积。

❸

5 竖条纹的大量运用增加了空间的纵深感与延展性

通往主卧室的过道，在右侧墙面设计了整面墙的嵌入式大衣柜，令空间的收纳功能无比强大；竖条纹的实木复合地板与木贴面背景墙增加了空间的纵深感与延展性。

6 木质感床头背景墙增加空间调性

主卧室采用清新、自然的森系风格，木质感的床头背景墙带有浓郁的复古味道，增加了空间的调性；同时将原有主卧室与阳台的移门拆除，令自然光线可以很好地穿透全室。

❺ ❻

7 结合梳妆台设计洗面盆，有效规避空间用水不便

主卧室与阳台之间被打通，并用砖墙砌了一个门洞，令空间的造型感更强；阳台区域被规划为休闲区与梳妆区，同时在梳妆台的一侧设计了一个洗面盆，避免了空间中只有一个卫浴而带来的用水不便。

Value 装修预算表

项目	工程量	单价（元）	合价（元）
			一层空间
客厅、门厅、厨房及生活阳台			合计：41460
地面自流平	45平方米	60	2700
石膏板吊顶	30平方米	145	4350
墙顶面乳胶漆	158平方米	40	6320
电视背景墙造型	19平方米	360	6840
橱柜	4米	1450	5800
大理石吧台	1项	2100	2100
阳台隔断	1项	1650	1650
入户鞋柜	3平方米	650	1950
定制楼梯	1项	4500	4500
楼梯马赛克	7平方米	150	1050
大理石踏步	12踏步	350	4200
卫生间			合计：6410
地面瓷砖	4平方米	260	1040
墙面瓷砖	10平方米	260	2600
集成吊顶	4平方米	110	440

续表

项目	工程量	单价（元）	合价（元）
木制圆窗	1项	680	680
套装门	1樘	1650	1650
			二层空间
	主卧室及阳台		合计：25290
实木地板	14平方米	320	4480
地面马赛克	3平方米	185	555
顶面乳胶漆	4平方米	40	160
墙面硅藻泥	8平方米	220	1760
弧形垭口	1项	1800	1800
石膏板吊顶	13平方米	145	1885
床头背景墙	10平方米	385	3850
定制衣柜	10平方米	650	6500
阳台储物柜	2平方米	650	1300
定制洗手台兼化妆台	1项	1350	1350
套装门	1樘	1650	1650
	儿童室		合计：12480
实木地板	5平方米	320	1600
墙顶面乳胶漆	28平方米	40	1120
石膏板吊顶	8平方米	145	1160
榻榻米	1项	2300	2300
定制衣柜	4平方米	650	2600
定制书柜	2平方米	550	1100
定制书桌	1项	950	950
套装门	1樘	1650	1650
	过道		合计：3820
实木地板	4平方米	320	1280
墙顶面乳胶漆	15平方米	40	600
石膏板吊顶	4平方米	145	580
定制壁柜	1项	1360	1360
	墙体改造		合计：5570
墙体拆除	21平方米	90	1890
墙体砌筑	23平方米	160	3680
			装修总预算：95030

利用地台完成空间分区+隔墙半拆除
形成高低错落趣味居室

原始户型的面积不大，但布局紧凑，各分区布局合理，唯一的缺点是卧室与客厅之间的墙面显得有些拥堵。在改造时，去掉了隔墙两侧部分，保留中间部分，既能隔断空间，还能为沙发背景留出设计余地，客厅与卧室之间的流动性也得以加强。除此之外，用地台加高了卧室地面，用高度区分出休息区域与公共区域，同时降低了层高。

户型档案馆

户型格局

客厅、餐厅、厨房、卧室、卫浴

主材列表

客、餐厅：乳胶漆、石膏板、壁纸、水银镜片、大理石、细木工板

卧室：石膏板、壁纸、水银镜片、地毯

厨房及卫浴间：乳胶漆、石膏板、钢化玻璃、水银镜片、大理石

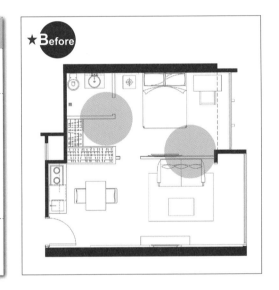

★Before

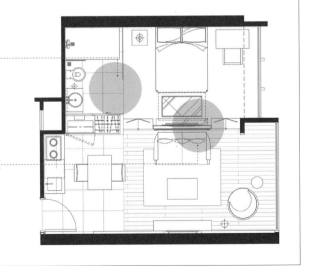

★After

原来的卫浴为实体隔墙，改造时将其砸掉，改成了玻璃隔断，并将更衣间归入了卫浴间内，将原来整面墙的衣橱改短，一半改成了餐厅的壁橱。

将卧室与客厅之间的隔墙保留了中间的部分，两侧砸掉，改成了隔断，并在卧室部分增加了地台，提高了卧室的高度，使分区更为明确。

Design
设计 关键点

1 居室材料运用既要
符合风格特征，又
要兼顾空间面积

空间中运用的材料较多，其中的水
银镜具有放大空间的效果，非常适
合小面积的居室；电视背景墙及吊
顶则运用了欧式花纹壁纸，更好地
体现出了风格特征。

❶
❷

2 半隔断沙发背景墙既通透，又能区分功能空间

拆除客厅与卧室之间的隔墙两侧，既令空间显得通透，又对不同
的功能区域做了有效分区；临近餐厅的一侧墙面设计成大面积的收纳柜，既
可以收纳家居中的衣物，也可以用于收纳厨房中的小电器及杯盘碗盏等物。

3 水银镜搭配石材，形成冷硬对比的视觉效果

厨房和餐厅选择水银镜和石材作为主要材料，搭配欧式花纹壁纸，形成冷硬结合的设计形式。由于空间的面积较小，只选用了两人使用的餐桌椅，如果想要更加节省空间面积，还可以利用餐厅一侧墙面设计一个可折叠的餐桌区域。

4 合理利用色调变化营造和谐居室

卧室的色调搭配以白色和灰色为主，使空间看上去宽敞、明亮而又不乏层次感。局部搭配冷色中的暖色调，例如紫灰色的地毯，以及黄色的灯槽，避免了冷色过多，过于冰冷感。

5 水银镜叠加水晶帘增添空间华丽感

用水银镜作床头背景装饰，增添了华丽感，但大面积的水银镜在夜晚容易让人产生幻觉，不利于身体健康，因此，设计时在两侧部分叠加了水晶帘，起到装饰作用的同时，也可阻挡部分反射光线。

⑤
⑥

6 地面光源区展现出极具创意效果的室内环境

卧室中的地面设计极具特色，除了铺设大面积的紫灰色地毯来增加空间的暖度之外，还设计了一个透明的可视区域，不仅具有装饰性，而且还为空间额外增加了光源。

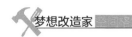

7 临近卫浴的衣帽间，一定要做好防水工程

主卧与卫浴之间运用带有磨砂图案的钢化玻璃进行分隔，形成若隐若现的透视效果，令空间极具情调。同时将衣帽间与卫浴结合设计，为日常拿取衣物提供了便利。需要注意的是，在卫浴中设计衣帽间，衣帽间的防水工程一定要做好。

Value 装修预算表

项目	工程量	单价（元）	合价（元）
客厅			合计：19822
石膏板直线造型吊顶	21平方米	145	3045
墙顶面乳胶漆	9平方米	40	360
壁纸	30平方米	150	4500
电视墙造型	1项	1960	1960
电视柜	2米	820	1640
水银镜片	3平方米	164	492
沙发背景墙造型	1项	2450	2450
套装门	1樘	1850	1850
木地板	9平方米	350	3150
踢脚线	15米	25	375
门厅、餐厅及厨房			合计：10360
石膏板直线造型吊顶	13平方米	145	1885
墙顶面乳胶漆	6平方米	40	240

续表

项目	工程量	单价（元）	合价（元）
壁纸	13平方米	150	1950
墙面大理石	7平方米	165	1155
地面大理石	10平方米	225	2250
储物柜	4平方米	650	2600
储物柜柜门	1项	280	280
卧室			合计：18845
石膏板直线造型吊顶	19平方米	145	2755
墙顶面乳胶漆	24平方米	40	960
电视柜	2米	800	1600
电视墙造型	5平方米	320	1600
床头镜片基层	12平方米	95	1140
车边水银镜片	12平方米	160	1920
地台	21平方米	210	4410
地面玻璃造型	1项	680	680
地毯	21平方米	180	3780
卫浴间			合计：6970
墙顶面乳胶漆	4平方米	40	160
石膏板直线造型吊顶	6平方米	145	870
地面大理石	6平方米	380	2280
墙面大理石	10平方米	150	1500
磨砂图案钢化玻璃隔断	2平方米	360	720
车边水银镜片	2平方米	360	720
储物柜推拉门	2平方米	360	720
墙体改造			合计：3230
墙体拆除	11平方米	90	990
墙体砌筑	14平方米	160	2240

装修总预算：59227

121

拆分空间增加储物区+增设衣帽间
打造收纳功能强大的整洁居室

原始户型格局方正，面积足够大，空间分区也较为明确。在改造时，业主希望拥有足够的储物空间。由于家中极少有客人来住，因此在设计时，将原有次卧室分隔成书房和杂物间，令家中的杂物有了专门的存放地。另外，在主卧室中增设了衣帽间，既有扩大空间面积的作用，也达到了增加储物空间的作用。

 户型档案馆

户型格局

客厅、餐厅、厨房、主卧、儿童房、书房、杂物间、儿童休闲区、衣帽间、卫浴

主材列表

玄关、客厅、餐厅：仿古砖、护墙板、乳胶漆、马赛克、装饰线板

主卧、儿童房、衣帽间：壁纸、实木复合地板、乳胶漆、装饰线板

书房、杂物间、儿童休闲区：乳胶漆、护墙板、地毯、仿古砖、石膏板

厨房、卫浴：釉面砖、铝扣板、钢化玻璃、花砖

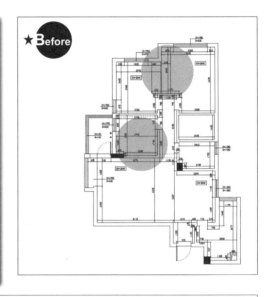
★Before

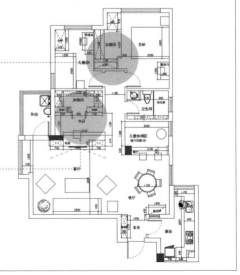
★After

将主卧室与儿童房之间的隔墙拆除，设计成为一个嵌入式衣帽间，增加了空间的功能区域，也令家中的储物空间更加丰富。

将原有的次卧室分隔成书房和杂物间，增加了空间中的功能区域，对空间进行了更加合理的分区。同时，也满足了居住者想要增加储物功能的需求。

1 极具艺术效果的软装令家居产生了神奇的化学反应

客厅中的色彩较为跳跃，带给人强烈的视觉冲击力。装饰上也十分具有特色，沙发墙上的赫本黑白装饰画优雅而复古，而像抱枕、地毯、家具等软装同样极具艺术感，这些看似毫不相干的物品，搭配在一起则发生了神奇的化学反应。

❶
❷

2 半隔断电视墙形成互通性极强的家居环境

客厅中的电视墙没有做全封闭式处理，而是将其设计为半隔断，形成不同空间的互通性，也使家居环境显得更为开阔。而两侧的柜子，则增加了空间中的储物功能。

123

3 利用黑板和吊灯增加居室的艺术效果

餐厅背景墙刷了整面墙的黑板漆，在上面绘制了一些英文字母，极具艺术感；同时也可以成为家中孩子的绘画场所。餐厅吊灯也非常具有装饰性，漫画图案令家居充满趣味性。

4 半隔断吧台有效分隔空间，同时又很实用

餐厅与儿童活动区之间运用半隔断的吧台来进行空间分隔，既增加了空间的实用性，为平时夫妻二人或朋友小聚提供了品酒、聊天的地方，又避免了全隔断墙带来的空间压抑感。

3

4

5

合适的软装搭配令居室散发出浓郁的摩登古典气息

主卧室没有特地做背景墙设计，紫底大花的壁纸就足以渲染出一面夺人眼目的背景墙，搭配金属色台灯与吊灯，令空间散发出浓郁的摩登古典气息。此外，卧室中的抱枕沿用了奥黛丽·赫本元素，复古又优雅。

6

海洋般的蓝色空间迎合了儿童的心理

儿童房运用大面积的蓝色涂刷墙面，营造出仿若海洋世界的空间，迎合了家中小孩子的心理。少量而实用的家具，则减少了儿童在空间中磕碰的概率。

⑤

⑥

7 跳跃色彩+白色调，中和出绚丽而不刺眼的厨房

厨房色彩沿用了客厅跳跃的色彩，蓝色系墙面极具视觉冲击力，炊具的色彩也用了饱和度较高的色彩，为了避免颜色过于抢眼，则采用了大量的白色调进行中和。

8 宽大的书桌台面，两个人同时工作也不拥挤

电视背景墙后是半个次卧室隔出来的书房，面积虽小，但功能性充足，大面积的嵌入式柜体，增加了空间的储物量；悬空的抽屉书桌，既节省空间，又拥有宽敞的台面，两个人同时在此工作，也不会觉得拥挤。

❼ ❽

9
儿童休闲区设计既要好清洁，
又要储物功能强大

餐厅跟儿童休闲区打通后，视野显得更加开阔，同时方便了两个空间相互呼应与交流；儿童休闲区的墙面包裹了护墙板，避免孩子在此涂鸦，不好清洁；大量的抽屉中塞满了孩子的各种玩具，随处满足居住者的储物需求。

10
白色调+钢化玻璃，塑造出通透、明亮的卫浴

卫浴色彩一改主空间绚丽的基调，设计得十分清爽，令小面积的卫浴也不显逼仄；钢化玻璃推拉门的运用，则令卫浴空间显得十分通透、明亮。

❾

❿

Value 装修预算表

项目	工程量	单价（元）	合价（元）
客餐厅、书房及儿童休闲区			合计：46211
地面瓷砖	47平方米	338	15886
石膏板吊顶	40平方米	145	5800
顶面乳胶漆	47平方米	40	1880
墙面彩色乳胶漆	71平方米	45	3195
定制墙裙	22平方米	285	6270
儿童休闲区地台	1项	1500	1500
餐厅吧台	1项	2150	2150
定制百叶窗	1项	1850	1850
定制书桌	1项	2480	2480
定制书柜	5平方米	650	3250
入户鞋柜	3平方米	650	1950
衣帽间			合计：9230
实木地板	2平方米	380	720
顶面乳胶漆	3平方米	40	120
石膏板吊顶	2平方米	145	290
储物柜	9平方米	650	5850
套装门	1樘	2250	2250
主卧室			合计：19545
实木地板	15平方米	380	5700
墙顶面乳胶漆	53平方米	40	2120
床头墙壁纸	13平方米	85	1105
石膏线	16米	20	320
定制衣柜	9平方米	650	5850
百叶推拉门	4平方米	550	2200
套装门	1樘	2250	2250

续表

项目	工程量	单价（元）	合价（元）
儿童房			合计：11150
实木地板	10平方米	380	3800
墙顶面乳胶漆	39平方米	40	1560
石膏线	12米	20	240
定制衣柜	3平方米	650	1950
定制书桌	1项	1350	1350
套装门	1樘	2250	2250
厨房			合计：13048
地面瓷砖	5平方米	236	1180
墙面瓷砖	13平方米	236	3068
集成吊顶	5平方米	110	550
橱柜	3米	1550	4650
木制开窗	1项	1350	1350
套装门	1樘	2250	2250
卫浴间			合计：7754
地面瓷砖	4平方米	236	944
墙面瓷砖	10平方米	236	2360
集成吊顶	5平方米	110	550
定制淋浴房	3平方米	550	1650
套装门	1樘	2250	2250
阳台			合计：3480
地面瓷砖	2平方米	185	370
墙面瓷砖	4平方米	185	740
顶面乳胶漆	3平方米	40	120
套装门	1樘	2250	2250
墙体改造			合计：4230
墙体拆除	15平方米	90	1350
墙体砌筑	18平方米	160	2880

装修总预算：114648

功能空间互置+合理拆分或合并空间
形成分区明确的家居格局

原户型为复式，空间最大的问题为功能区域划分不明确。在改造时，采取了格局重置的做法，把私人空间（主卧室、主卫、衣帽间、儿童房）设定在楼上，公共空间（客厅、餐厅、厨房、书房、客卫、楼梯间）设定在楼下，如此一来就可以明确地区分出私人及公共的空间，令居住者可以更加便捷地使用空间。

📝 户型档案馆

户型格局

客厅、餐厅、厨房、主卧、儿童房、书房、主卫、客卫、楼梯间

主材列表

客厅、餐厅、厨房：乳胶漆、硅藻泥、仿古地砖、仿红砖文化砖、松木实木

主卧室、儿童房及书房：乳胶漆、仿古地砖、实木地板

卫浴、楼梯间：铝扣板吊顶、强化地板、硅藻泥、锻铁、釉面砖

★Before

一楼　　　　　　　二楼

 ★After

将原有的客卧改造为书房，丰富了空间功能，也令一、二层空间的使用功能更加分明。

将原有的衣帽间进行改造，增加了木质隔断，分隔出一处独立的换衣空间。同时与卧室之间也增加了隔断，令各空间的分区更加独立。

二层空间做了较大改动，将原有卧室、休闲区进行合并，打造出一个温馨的儿童房。

一楼　　　　　　　二楼

Design
设计关键点

1 精致而富有创意的玄关墙面

　　玄关处的墙面精致而富有创意，木色门与十字绣的结合，令空间充满温醇气息；而打开木色门又看到了一个十分实用的空间——家中的钥匙整齐地收纳在此，方便拿取。这种向墙面借空间的手法，非常实用，且花费不多。

2 开放式格局令空间更通透

　　充满南法风情的居室没有做过多实体墙的分隔，仅在沙发后设计一处充满田园风情的木质隔断来分隔客厅与书房，整个空间面积虽然不大，却显得十分通透、明亮。

❶

❷

3

合理利用电视墙增加居室装饰空间

电视背景墙采用弧墙设计，墙面上斑驳的墙面漆，与复古地砖及红砖连成一气，强调出复古的感觉；最经典的设计之处在于侧墙面的柜子，可放置CD及摆饰物，既合理利用了空间，又装点了家居。

4

一举多用的飘窗卧榻

窗户的位置设计了窗台卧榻，除了可作为收纳柜使用外，客人太多时也可当作椅子使用，兼顾了美感与实用性，并且降低了多花预算的风险。

❸

❹

5 厨房吧台令小空间拥有多功能使用方式

餐厅连接着厨房吧台，不仅可以作为平时品酒小酌之地，而且还能作为备餐台，或者菜品过多时，用作临时的餐边桌。小小的吧台设计让这个小空间也能有多功能的使用方式。

6 向上借空间的吧台柜实用、美观两不误

手工雕刻的松木吧台柜，采用向上借空间的手法，为不大的厨房增加了实用空间；柜底设置的吊杯架，则令小空间充满了艺术情调。

❺

❻

7 利用收纳柜来做床头背景墙

　　主卧室的背景墙没有做过多的装饰与造型，而是打造了整个墙面的收纳柜，十分实用，并且还省去了做主题墙的费用。

8 大面积的书房装饰柜既能满足收纳，又起到展示作用

与客厅连接的书房，设计了大量的书柜及展示柜，这样的设计充分利用了墙面空间，既能满足收纳，又可以将书籍、装饰品等物进行分门别类的展示。

⑦

⑧

9 粉色系墙面营造浪漫、唯美的童话空间

女儿房的墙面使用浪漫色系的粉红色，这样的墙面装饰花费不多，却轻易就能表达出小女儿天真烂漫的个性；而墙面上挂着的小主人心爱的装饰物，足以满足童年的所有幻想。

10 利用家具做隔断，简单又实用

在有限的卧室空间中设置出两个儿童房，手法为使用衣柜来区隔空间。整面的大书柜及收纳柜，令空间使用更加便利实用。

⑨
⑩

11 干湿分离的主卫既省钱又方便

洗漱区与沐浴区做了干湿分离，并用色彩来形成鲜明对比，沐浴区的色彩清冷，洗漱区的色彩温暖，对比色彩带来视觉上的冲击力。

12 集实用与装饰为一体楼梯造型墙

在楼梯的设计上采用松木当作踏面并刷上环保木器漆，白色造型墙当作扶手及小饰品摆饰区，这样的设计集实用性与装饰性于一体。

⓫ ⓬

Value 装修预算表

项目	工程量	单价（元）	合价（元）
			一层空间
客厅			合计：15392
石膏板直线造型吊顶	6平方米	145	870
墙顶面乳胶漆	29平方米	40	1160
顶面木质装饰	1项	1650	1650
沙发墙隔断	3平方米	550	1650
电视墙	1项	2800	2800
入户门门套	5米	135	675
沙发背景墙红砖装饰	7平方米	95	665
飘窗柜子	1项	1850	1850
仿古地砖	17平方米	228	3876
踢脚线	7米	28	196
餐厅			合计：8115
石膏板直线造型吊顶	5平方米	145	725
墙顶面乳胶漆	25平方米	40	1000
壁柜	2平方米	650	1300
墙面造型	1项	450	450
仿古地砖	19平方米	228	4332
踢脚线	11米	28	308
厨房			合计：10105
墙顶面乳胶漆	5平方米	40	200
橱柜	3米	1550	4650
吧台	1项	2150	2150
墙面瓷砖	18平方米	135	2430
地面瓷砖	5平方米	135	675
客卫			合计：4878
集成吊顶	4平方米	110	440
套装门	1樘	1750	1750
墙面瓷砖	18平方米	128	2304
地面瓷砖	3平方米	128	384
书房			合计：12686
石膏板直线造型吊顶	10平方米	145	1450
墙顶面乳胶漆	5平方米	40	200
书柜	12平方米	650	7800
实木地板	10平方米	284	2840
踢脚线	11米	36	396
楼梯间			合计：3224
墙顶面乳胶漆	7平方米	40	280

续表

项目	工程量	单价（元）	合价（元）
扶手肌理漆	4平方米	168	672
实木地板	8平方米	284	2272
			二层空间
	主卧室		合计：19931
石膏板直线造型吊顶	6平方米	145	870
墙顶面乳胶漆	12平方米	40	480
衣橱	4平方米	650	2600
床头背景	13平方米	385	5005
实木地板	20平方米	284	5680
踢脚线	18米	36	648
主卫墙顶面乳胶漆	12平方米	40	480
主卫墙砖	15平方米	116	1740
主卫地砖	3平方米	116	348
集成吊顶	3平方米	110	330
套装门	1项	1750	1750
	衣帽间		合计：10515
石膏板直线造型吊顶	3平方米	145	435
墙顶面乳胶漆	6平方米	40	240
衣橱	3平方米	650	1950
床头造型	11平方米	280	3080
实木地板	9平方米	284	2556
踢脚线	14米	36	504
套装门	1项	1750	1750
	儿童房		合计：7822
石膏板直线造型吊顶	2平方米	145	290
墙顶面乳胶漆	6平方米	40	240
衣橱	3平方米	650	1950
实木地板	11平方米	284	3124
踢脚线	13米	36	468
套装门	1项	1750	1750
	主卫		合计：4878
集成吊顶	4平方米	110	440
套装门	1项	1750	1750
墙面瓷砖	18平方米	128	2304
地面瓷砖	3平方米	128	384
	墙体改造		合计：4070
墙体拆除	15平方米	90	1350
墙体砌筑	17平方米	160	2720
			装修总预算：101616